DIRK H. LORENZEN

100 SENSATIONEN IM UNIVERSUM

KOSMOS

INHALT

Seite 1

KATZENAUGENNEBEL

Ein Riesenstern stößt zum Ende seines Lebens seine äußeren Schichten ins All und regt sie zum Leuchten an. Dieser Nebel (ein Lichtjahr groß) befindet sich 4400 Lichtjahre entfernt im Sternbild Drache.

Das Paradies im Universum

Vorne lebensfeindliche Staublandschaft, hinten das blaue Paradies: So hat die Besatzung von Artemis-2 im April 2026 die Erde über dem Mondhorizont gesehen. Unser Planet ist mit Luft, Wasser, Pflanzen und Tieren ein wunderbares Raumschiff. Die Erde ist die schönste Sensation im All – eingewoben in ein Universum, in dessen Tiefen es zahllose atemberaubende Objekte zu entdecken gibt. Auf geht's! Staunen Sie mit!

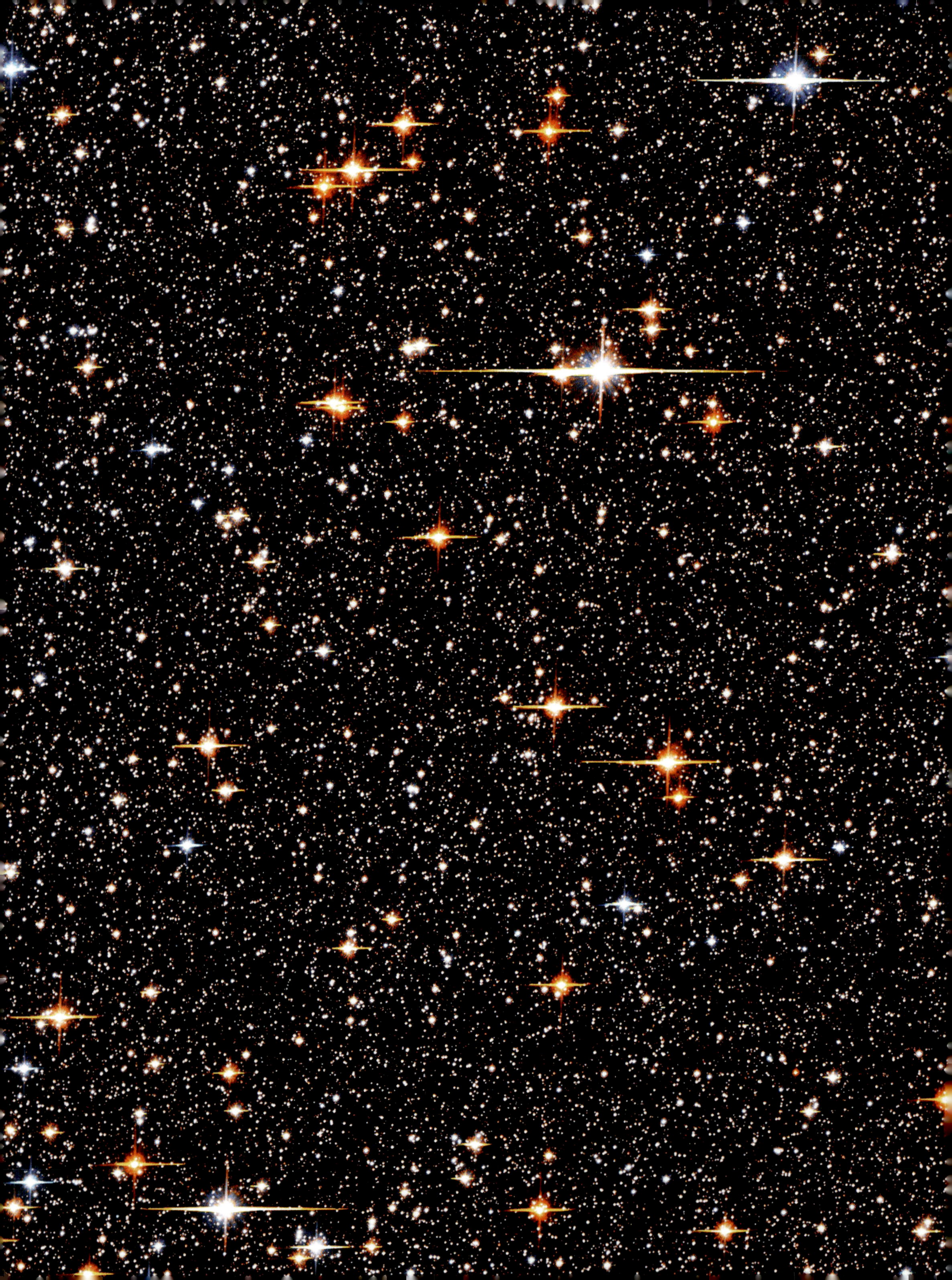

Sind wir allein im All?

Im Kosmos wimmelt es von Sternen, wie diese Hubble-Aufnahme aus dem Sternbild Schütze zeigt. Allein hier sind rund 100.000 Sterne zu sehen. Im gesamten All gibt es Myriaden – und fast alle Sterne haben Planeten. Noch weiß niemand, ob und wo es in den Tiefen des Universums weiteres Leben gibt. Aber höchstwahrscheinlich existieren auch anderswo Welten mit Wasser, Luft und Leben. Es scheint klar: Wir sind nicht allein!

Woraus besteht der Kosmos?

Wir alle sind Sternenstaub und bestehen aus Resten erloschener Sterne. Im Sternbild Hinterdeck bilden glühende Gas- und Staubmassen die „Hand Gottes“, die nach einer fernen Galaxie zu greifen scheint. Doch 95 Prozent des Universums entziehen sich unserem Zugriff: Dunkle Materie und Dunkle Energie verraten sich nur indirekt durch ihren Einfluss auf leuchtende Objekte. Unsichtbare Supermächte beherrschen das All!

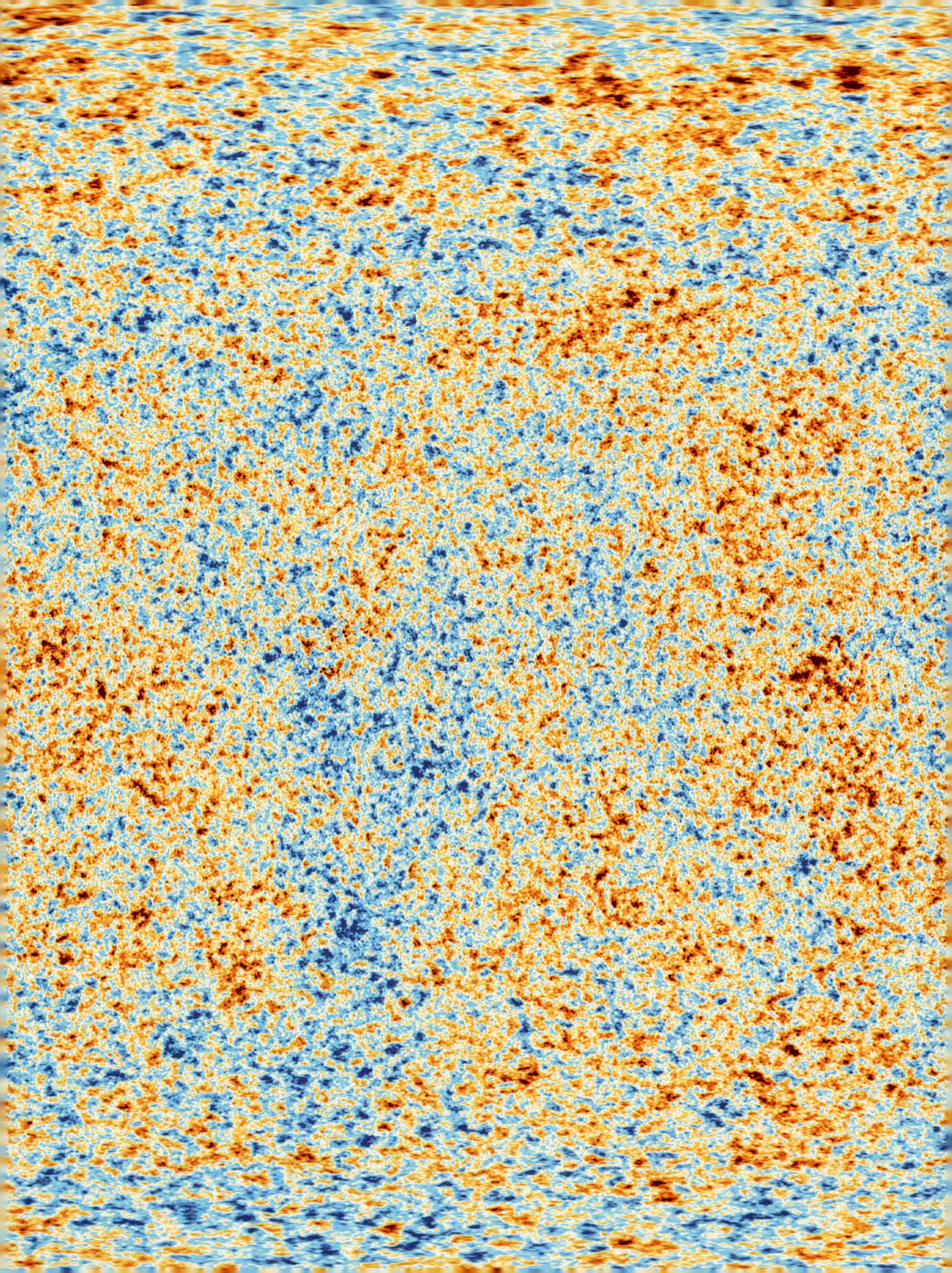

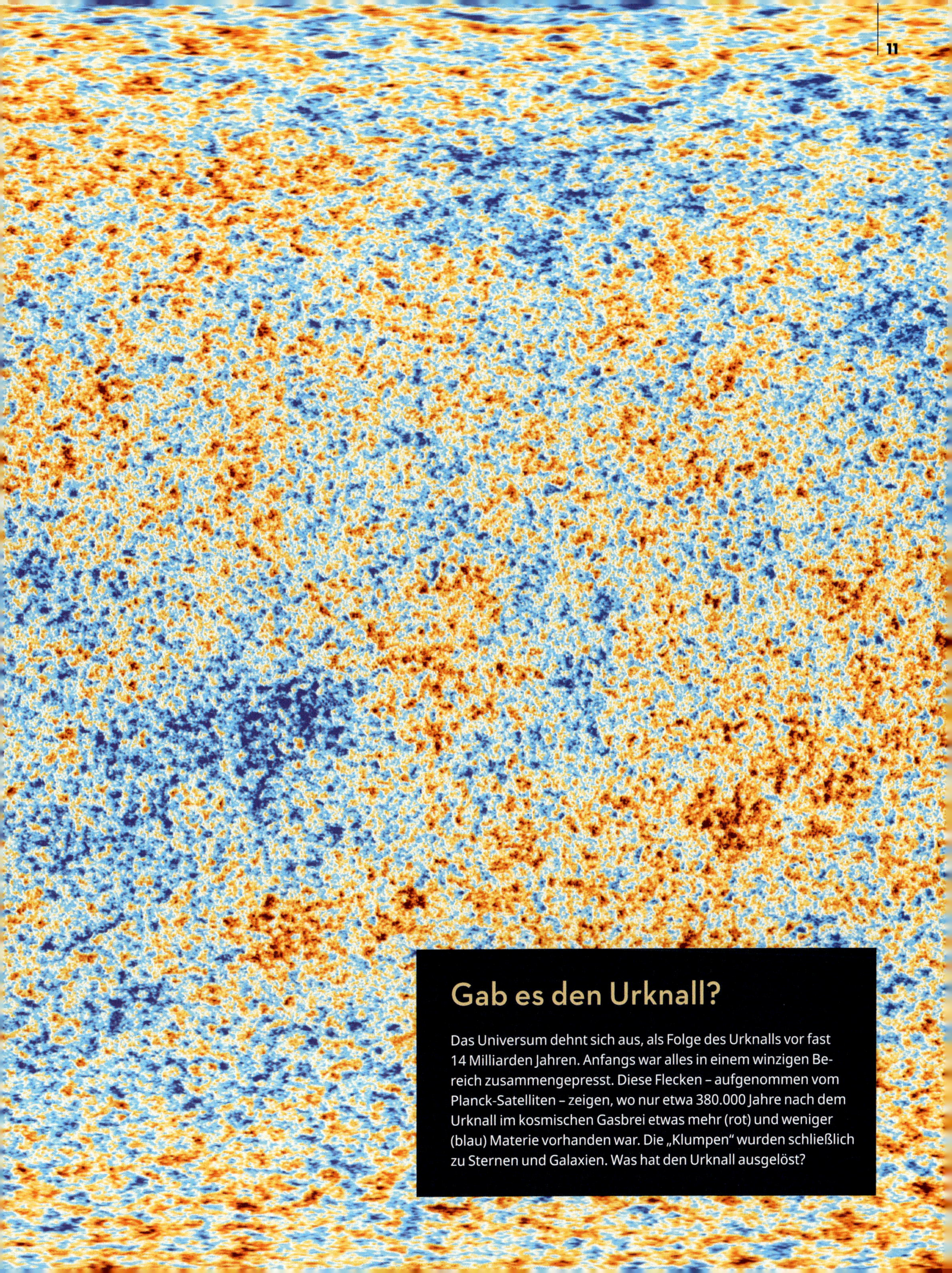

Gab es den Urknall?

Das Universum dehnt sich aus, als Folge des Urknalls vor fast 14 Milliarden Jahren. Anfangs war alles in einem winzigen Bereich zusammengepresst. Diese Flecken – aufgenommen vom Planck-Satelliten – zeigen, wo nur etwa 380.000 Jahre nach dem Urknall im kosmischen Gasbrei etwas mehr (rot) und weniger (blau) Materie vorhanden war. Die „Klumpen“ wurden schließlich zu Sternen und Galaxien. Was hat den Urknall ausgelöst?

Was sind Schwarze Löcher?

In Schwarzen Löchern ist die Materie so dicht gepackt, dass nichts entkommen kann – nicht einmal Licht. Oft gelten sie als gefräßige Monster, aber tatsächlich sind sie eher himmlische Baumeister. Im Zentrum vieler Galaxien sitzt ein extrem massereiches Schwarzes Loch – das in M 61 im Sternbild Jungfrau ist fünf Millionen Mal schwerer als unsere Sonne! Woher kommen diese Giganten? Sind sie schon beim Urknall entstanden?

Hat das Universum ein Ende?

Im All wimmelt es von Galaxien (der Haufen Abell 209 im Sternbild Walfisch ist drei Milliarden Lichtjahre entfernt). In jeder Galaxie gibt es Milliarden Sterne – noch. Denn irgendwann verlöscht der letzte Stern. Stirbt der Kosmos einen Tod in Kälte und Finsternis? Oder dehnt er sich immer schneller aus, sodass es sogar die Erde zerreißt? Vielleicht stürzt auch alles wieder zusammen und es gibt einen neuen Urknall. Die Hoffnung glüht zuletzt. ☺

DIE AUGEN FÜR DEN WELTRAUM

Teleskope auf der Erde und an Bord von Satelliten tragen den Blick der Astronominnen und Astronomen in die Tiefen des Alls. Ob es um Planeten im Sonnensystem geht, um Nebel und Sternhaufen in der Milchstraße oder um Galaxien am Rand des Kosmos – egal, ob man Milliarden Kilometer oder Milliarden Lichtjahre überwinden muss: Stets zeigen Teleskope ungeahnte Details der fernen Objekte.

Beim Blick hinaus geht es nicht so sehr um die Vergrößerung. Entscheidend ist der Durchmesser des Teleskops: Je größer die Öffnung ist, desto mehr Licht erreicht das Instrument und desto schwächere und fernere Objekte werden sichtbar. Ein Teleskop sammelt Lichtteilchen so wie eine Regentonne im Garten Wassertropfen speichert – je größer, desto besser.

Spiegel und keine Linsen

Nach der Erfindung des Fernrohrs 1609 gab es nur Fernrohre aus Linsen. Die spielen heute kaum noch eine Rolle. Seit mehr als 100 Jahren sind die größten Instrumente Spiegelteleskope. Ein großer Spiegel empfängt das Licht der himmlischen Objekte und reflektiert es in die Kameras und Messgeräte.

Die weltweit führende Sternwarte ist derzeit das Paranal-Observatorium der Europäischen Südsternwarte ESO (nicht zu verwechseln mit der Europäischen Raumfahrtagentur ESA!) in der Atacamawüste in Chile (rechts). Europa in Chile? In den 1960er-Jahren bauten einige Länder Europas und die USA Observatorien auf der Südhalbkugel der Erde: Nur von dort lassen sich das Zentrum der Milchstraße und die Magellanschen Wolken gut beobachten – drei „Lieblinge" vieler Himmelsfans. Von Europa und Nordamerika aus sind sie nicht gut zu sehen.

Teleskope auf der Erde haben drei grundsätzliche Nachteile: Erstens gibt es immer mal wieder Wolken und Dunst über ihnen und sie können nichts sehen. Zweitens führt die Sonne tagsüber zu einer Zwangspause. Und drittens ist eben nur jener Bereich des Kosmos zugänglich der vom jeweiligen Standort zu sehen ist.

Weltraumteleskope: perfekter Blick

Um das alles zu umgehen, träumten die Astronomen bereits vor dem Start des ersten Satelliten Sputnik 1957 von einem Teleskop im Weltraum: Immer perfektes Wetter immer dunkel und der komplette Kosmos beobachtbar. 1990 wurde der Traum endlich wahr: Das Hubble-Weltraumteleskop (unten) startete. Bald ist es 40 Jahre lang im All! Die letzte Wartungsmission mit einer US-Raumfähre erfolgte 2009 – seitdem ist das Teleskop auf sich allein gestellt. Daran gemessen funktioniert Hubble noch immer sensationell gut, wie viele Bilder dieses Buches belegen.

Das leichte Wabern der Atmosphäre, das es selbst im klimatisch perfekten Chile noch gibt, lässt sich mittlerweile buchstäblich ausschalten. Moderne Teleskope nutzen die adaptive Optik: Dabei korrigiert eine Art Gummispiegel die Luftunruhe. Ein Laser (siehe VLT-Bild rechts) setzt einen künstlichen Stern an den Himmel, an dessen Zappeln sich die Korrekturoptik orientiert.

Mit dem Vera-Rubin-Observatorium (rechts oben) – ebenfalls in Chile – führen die Fachleute eine ganz neuartige Himmelsüberwachung durch. Sie beobachten nicht gezielt einzelne Objekte, wie es bisher üblich war, sondern scannen alle paar Nächte den gesamten Himmel. Damit lassen sich u.a. unzählige Sternexplosionen, Galaxien und Asteroiden erfassen.

Dass Chile für die Astronomie der Himmel auf Erden ist, hat Jürgen Stock (1923–2004) entdeckt. Der aus Hamburg stammende Forscher sollte Ende der 1950er-Jahre für die Universität von Chicago feststellen, welcher von drei zuvor ausgewählten Bergen in der Nähe der Hauptstadt Santiago am besten für ein kleines Teleskop geeignet sei. Die drei taugten alle nichts. Aus einer für wenige Wochen geplanten Reise wurde eine mehrjährige Expedition: Jürgen Stock bemerkte die fabelhaften Bedingungen im Norden des Landes. Inzwischen stehen in Chile mehr Topteleskope als im Rest der Welt zusammen. Jürgen Stock? Den Namen kennt kaum ein Astronom. Der Pionier, mit dessen Lebensgeschichte man ein ganzes Buch füllen könnte, ist praktisch vergessen.

HUBBLE-WELTRAUMTELESKOP Seit 1990 zieht Hubble (ein Projekt von NASA und ESA) in rund 500 Kilometern Höhe um die Erde. Ungestört von Wolken und Luftunruhe blickt es gestochen scharf ins Universum.

RUBIN-OBSERVATORIUM Zum 8-Meter-Teleskop nahe Cerro Tololo in Chile gehört die größte Kamera der Welt (3,2 Gigapixel). Sie liefert bis zu 20 Terabyte Daten pro Nacht – die Auswertung erfolgt vollautomatisch.

VERY LARGE TELESCOPE (VLT) Auf dem Cerro Paranal in Chile stehen vier identische Teleskope mit acht Metern Spiegeldurchmesser. Das VLT der Europäischen Südsternwarte ESO sieht mit Hilfe eines Laserstrahls fast so scharf als wäre es im Weltraum.

WELTKLASSE IN DEUTSCHLAND Das 100-Meter-Radioteleskop von Effelsberg (Foto: N. Tacken) gehört zu den besten Instrumenten seiner Art. Seit 1971 blickt es aus einem kleinen Tal in der Eifel u.a. auf Gaswolken in der Milchstraße, rasende Pulsare und Galaxien am Rand des Universums.

EXTREM GROSSES TELESKOP (ELT) Das ELT der Europäischen Südsternwarte wirft seinen Schatten voraus. 2029 soll das Teleskop auf dem Cerro Armazones in der Atacama-Wüste erstmals in die Tiefen des Alls blicken.

Super-Radioteleskop in der Eifel

Ein Teleskop, das im sichtbaren Licht arbeitet, muss an einem möglichst perfekt dunklen Standort mit viel klarem Wetter stehen. In Europa gibt es so etwas nicht. Aber hierzulande lässt sich sehr gut Radioastronomie betreiben. Denn Sterne, Galaxien, Gaswolken etc. senden auch Radiostrahlung aus. Weil Radiowellen weder durch Kunstlicht noch Wolken gestört werden (das Radiogerät in der Küche funktioniert ja auch bei Regen und am Tag!), steht ein Spitzenteleskop in der Eifel! Das Radioteleskop Effelsberg (links) des Bonner Max-Planck-Instituts für Radioastronomie hat 100 Meter Durchmesser. Es ist eine Art VLT unter den Radioschüsseln – Topastronomie mitten in Deutschland!

Sterne, Galaxien & Co. geben zudem Infrarot-, also Wärmestrahlung ab oder leuchten im energiereichen Ultraviolett-, Röntgen- und Gammalicht. Um diese Strahlungsarten, die nicht durch unsere Atmosphäre kommen, zu empfangen, sind Teleskope im Weltraum nötig. Dutzende Satelliten im All erforschen die kosmischen Weiten – alle haben ihren ganz eigenen Blick auf die Objekte im Kosmos. Am bekanntesten ist das James-Webb-Weltraumteleskop (unten), gestartet 2021. Es ist ein Gemeinschaftsprojekt von NASA, ESA und Kanada. Webb ist auch ein europäisches Teleskop – z. B. wurde die NIRSpec-Kamera bei Airbus in Ottobrunn gebaut. Webb empfängt vor allem Infrarotstrahlung. Somit kann es tief ins Innere von Gas- und Staubwolken blicken, in denen gerade Sterne entstehen. Zudem erkennt es Galaxien, die schon 300 Millionen Jahre nach dem Urknall existiert haben. Die „Konkurrenz" ist da „blind".

Aber weil Weltraumteleskope für den Start in eine Rakete passen müssen, ist ihre Größe begrenzt. Daher entstehen gerade zwei gigantische Teleskope auf der Erde. Europas Astronominnen und Astronomen bauen – natürlich in Chile – das Extremely Large Telescope ELT (links unten). Dieses Instrument ist wirklich extrem groß. Sein Hauptspiegel hat 39 Meter Durchmesser und besteht aus rund 800 Segmenten, hergestellt von der Firma Schott in Mainz.

Das andere neue Riesenteleskop ist SKA, ein Verbund aus rund 200 Radioteleskopen vor allem in Südafrika. Die Schüsseln haben etwa 15 Meter Durchmesser und sind über mehr als hundert Kilometer verteilt. Sie lassen sich zu einem einzigen gigantischen Teleskop zusammenschalten. SKA soll u.a. den Aufbau der Milchstraße, die ersten Sterne nach dem Urknall und rotierende Sternleichen erforschen. Ein schönes Bild der Anlage gibt es bisher nicht.

Ob im sichtbaren Licht, im Radio-, Röntgenbereich oder wo auch immer. Ob auf dem Erdboden oder vom All aus. In der Astronomie gilt: Getrennt beobachten, vereint entdecken – und sensationell verzaubern!

JAMES-WEBB-WELTRAUMTELESKOP
Das oft einfach Webb genannte Instrument befindet sich 1,5 Millionen Kilometer von der Erde entfernt im All. Von dort blickt es im Infrarotbereich fast hinaus bzw. zeitlich zurück bis zum Urknall.

KAPITEL 1

SENSATIONEN IM SONNENSYSTEM

EIN STERN UND ACHT PLANETEN

Unsere Erde gehört zu einer großen kosmischen Familie. Sie hat gleichsam sieben Geschwister: Die Planeten Merkur, Venus, Erde, Mars, Jupiter, Saturn, Uranus und Neptun ziehen um die Sonne im Zentrum. Dazu kommt eine Vielzahl an Asteroiden (kleinen Gesteinsbrocken) und Kometen (Objekten aus Eis und Staub) sowie Unmengen von Staubpartikeln. Unser gemeinsames kosmisches Zuhause ist das Sonnen- oder Planetensystem.

Der für uns wichtigste Körper ist natürlich die Erde, die Nummer Drei von der Sonne aus gesehen. Nur bei uns gibt es hoch entwickeltes Leben – allerdings könnte es auf dem Mars und manchen Monden der Riesenplaneten Jupiter, Saturn, Uranus und Neptun zumindest Mikroben geben.

Superstar Sonne

Die Sonne ist nicht alles, aber ohne die Sonne wäre alles nichts: Sie steht im Zentrum, sorgt mit ihrer Anziehungskraft dafür, dass keine Planeten verloren gehen – und liefert beständig Licht und Wärme. Die Sonne ist ein gigantisches Kraftwerk, das seit fast fünf Milliarden Jahren riesige Mengen Energie abstrahlt – derzeit ist sie etwa in der Mitte ihres Lebens.

Die Sonne leuchtet selbst. Dagegen sind Planeten, Asteroiden und Kometen nur zu sehen, weil sie das Licht der Sonne reflektieren. Ginge die Sonne plötzlich aus, so wären Venus, Jupiter, unser Mond, der Komet Halley und alle anderen Körper nicht mehr zu sehen. Das gesamte Sonnensystem wäre stockfinster.

Die Sonne und der ganze Rest sind vor gut viereinhalb Milliarden Jahren aus einer großen Gas- und Staubwolke entstanden. Diese Wolke wanderte eine Zeit lang durch die Milchstraße. Dann begann sie sich zu drehen – vielleicht angestoßen von einem vorbeiziehenden Stern, der ihr geradezu einen Tritt verpasst hat. Die Wolke flachte sich ab und in der Mitte der rotierenden Scheibe sammelte sich das Material an. Dort zündete irgendwann ein neuer Stern – die Sonne.

Die spärlichen Reste, die weiter außen ihre Bahnen zogen, verklumpten zu den Planeten. Diese gemeinsame Geschichte ist den Planeten direkt anzusehen: Alle laufen in derselben Richtung um die Sonne herum (es gibt keine Geisterfahrer!) und auch etwa in derselben Ebene. Die inneren vier Planeten Merkur, Venus, Erde und Mars sind große Klumpen aus Metall und Gestein. Bis auf Merkur haben alle eine Atmosphäre.

Wir Krümel der Urwolke

Die äußeren Planeten Jupiter, Saturn, Uranus und Neptun bestehen dagegen vor allem aus Gas (Wasserstoff, Helium, Ammoniak etc.). Tief im Innern befindet sich vermutlich ein Kern aus Gestein und Metall. Sie alle haben zahlreiche Monde und sind jeweils eine Art Sonnensystem im Miniaturformat.

Jenseits der Planeten ziehen Unmengen an Eis- und Gesteinsbrocken ihre Bahnen. Dies sind die Krümel, die bei der Entstehung von Sonne und Planeten übriggeblieben sind. Bei Temperaturen von unter –200 Grad Celsius sind sie tiefgefroren – daher enthalten sie bestens konserviert noch die Spuren der Urwolke, aus der wir alle entstanden sind. Eines der größten dieser „Trans-Neptun-Objekte“ ist Pluto. Dieser kleine eisige Körper war lange Zeit der neunte Planet, gilt inzwischen aber „nur“ noch als Zwergplanet.

In den Tiefen des Alls entdecken die Fachleute immer mehr Planeten, die fremde Sterne umkreisen. Aber ein so sensationell schönes Sonnensystem wie unseres hat man bisher noch nicht gefunden.

INTERPLANETARER REISENDER Die Raumsonde Voyager 2 (gestartet 1977) hat als einzige bisher alle vier Gasriesen besucht.

MARS-AUTO Der Rover Sojourner (so groß wie ein Koffer) kurvte 1998 durch den Marssand und verzückte Weltraumfans.

1 FUSIONSKRAFTWERK SONNE

Unsere Sonne ist der nette Kumpel von nebenan, ohne den buchstäblich nichts ginge. Sie hält uns mit ihrer Schwerkraft auf einer stabilen Bahn und versorgt uns mit Licht und Wärme – und das macht sie bereits seit rund 4,5 Milliarden Jahren! Ohne die Sonne gäbe es auf der Erde kein Leben. Bei deutlich weniger Strahlung wäre die Erde ein einziger Eisklotz – bei etwas mehr wäre hier alles verbrannt.

Die Sonne ist eine glühende Gaskugel aus Wasserstoff und Helium. Ihr Durchmesser beträgt 1,4 Millionen Kilometer – Erde und Mond fänden bequem im Sonneninnern Platz. Immer wieder schießen gewaltige Materieausbrüche ins All (Aufnahme des ESA/NASA-Satelliten SOHO), die viel größer als unsere Erde sind.

Das „Energiegeheimnis" der Sonne ist die Kernfusion. Im Zentrum unseres Sterns verschmelzen Wasserstoffkerne zu Heliumkernen. Während man beim Backen in der Küche einen Ofen anheizen muss, damit der Teig zum Kuchen wird, ist das bei Sternen anders: Die Sonne backt Wasserstoff zu Helium und produziert dabei auch noch Licht und Wärme! Denn ein Heliumkern ist etwas leichter als die vier Wasserstoffkerne, aus denen er entsteht. Diese Differenz wird nach Einsteins berühmter Formel $E = m \times c^2$ in pure Energie umgewandelt. Die Kernfusion läuft nur ab, weil der Druck im Sonneninnern enorm hoch ist und die Temperatur bei etwa 15 Millionen Grad Celsius liegt.

Auch die Sonne wird nicht ewig leben. Kurz vor ihrem Tod bläht sie sich zum Roten Riesen auf und verschlingt womöglich die Erde. Aber keine Angst: Das dauert noch gut fünf Milliarden Jahre!

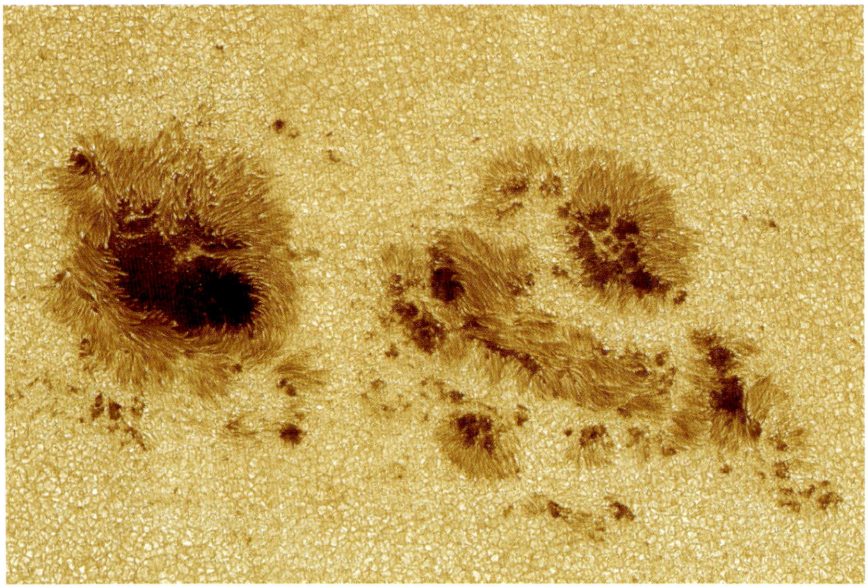

DUNKLE FLECKEN
Sonnenflecken sind magnetische Störungen auf der brodelnden Oberfläche. Diese Gruppe ist 150.000 km lang (Foto des GREGOR-Teleskops auf Teneriffa).

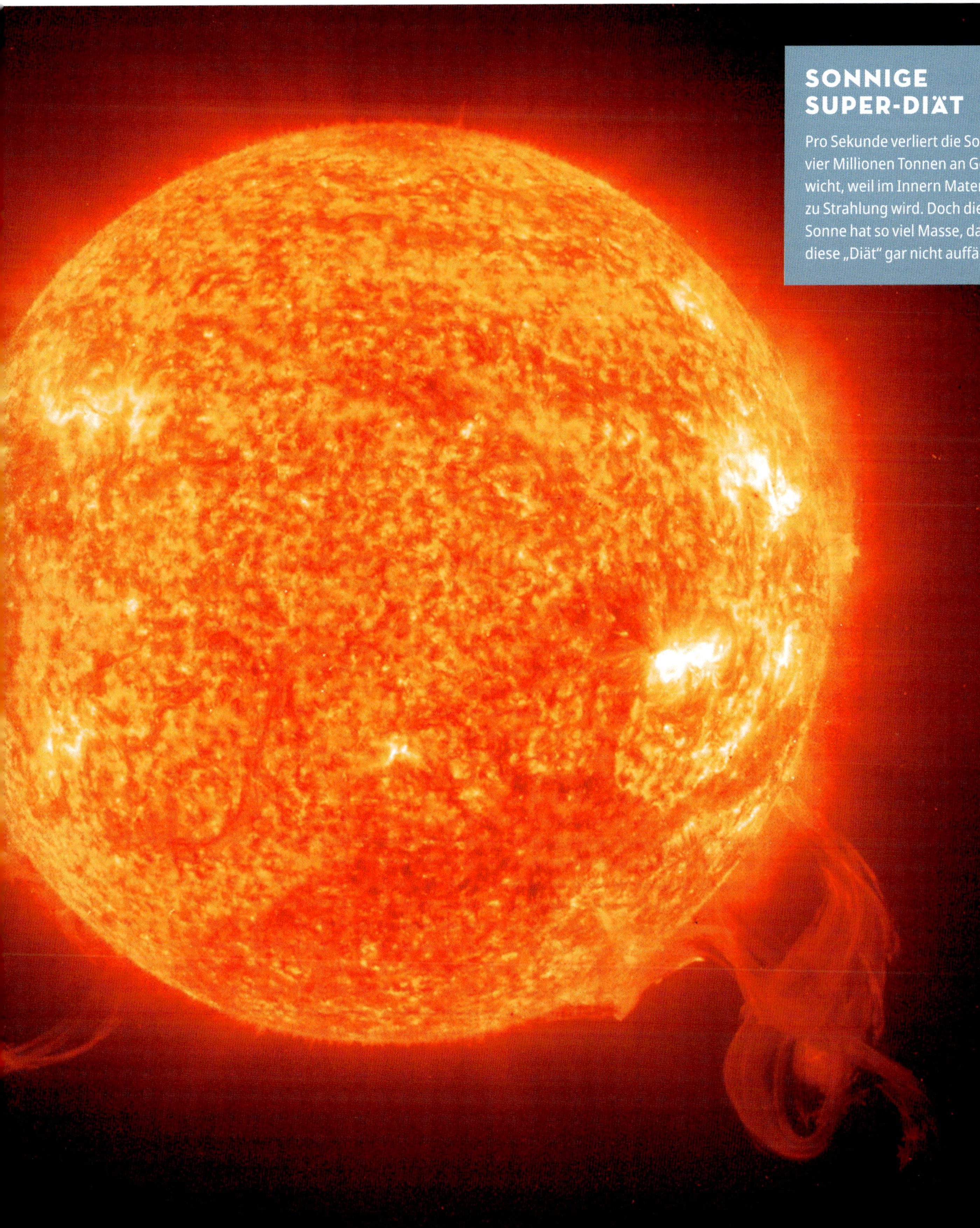

SONNIGE SUPER-DIÄT

Pro Sekunde verliert die Sonne vier Millionen Tonnen an Gewicht, weil im Innern Materie zu Strahlung wird. Doch die Sonne hat so viel Masse, dass diese „Diät“ gar nicht auffällt.

2 DER KLEINSTE UND SCHNELLSTE PLANET

In der antiken Mythologie ist Merkur der Götterbote, der mit geflügelten Sandalen durch den Himmel fliegt. Er ist der passende Namenspatron für den innersten Planeten: Merkur ist der schnellste von allen. Er rast mit 170.000 Kilometern pro Stunde über seine Bahn und braucht nur 88 Tage für eine Runde um die Sonne.

Mit 4880 Kilometern Durchmesser ist Merkur der kleinste Planet. Aufgrund seiner Nähe zur Sonne heizt sich die Oberfläche am Tag auf rund +430 °C auf. Da Merkur über keine Atmosphäre verfügt, kühlt er auf der Nachtseite auf fast –200 °C aus. Auf keinem anderen Planeten gibt es derart große Temperaturunterschiede. In einige Krater nahe den Polen scheint niemals die Sonne: Hier gibt es Eis, das von Kometen stammt, die dort einst einschlugen.

Merkur, der den größten Eisengehalt aller Planeten hat, ist vermutlich ein „nackter" Planetenkern. Seine leichteren äußeren Schichten wurden bei einer Kollision mit einem großen Asteroiden ins All geschleudert. Die Merkur-Oberfläche zeigt viele Spuren des kosmischen Bombardements.

Besonders auffällig ist das Caloris-Becken mit gut 1500 Kilometern Durchmesser. Nach einem Einschlag vor vier Milliarden Jahren wurde es von Lava geflutet, die auf dieser Falschfarbenaufnahme der NASA-Sonde Messenger fast golden erscheint. Spätere Treffer kleinerer Brocken haben dunkles Material aus der Tiefe freigelegt.

Merkur ist zwar mit bloßem Auge zu beobachten, zeigt sich aber immer nur knapp links oder rechts der Sonne. In Mitteleuropa ist er daher nur für wenige Wochen im Jahr zu sehen.

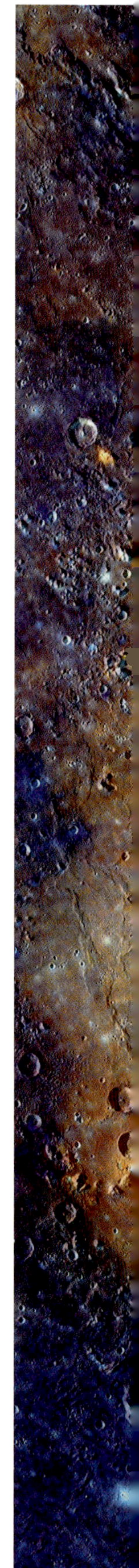

FAST WIE DER MOND
Merkur ist von Kratern übersät. Diese Aufnahme gelang der ESA-Sonde BepiColombo bei einem Vorbeiflug. Ab Ende 2026 soll sie den Planeten umkreisen.

MERKUR UND EINSTEIN

Merkurs Bewegung weicht minimal von den Vorhersagen der klassischen Physik ab. Das löste eine Revolution aus: Merkur führte mit zur Entwicklung der Allgemeinen Relativitätstheorie!

KLIMA-KATASTROPHE

Die Venusatmosphäre besteht zu 95 Prozent aus Kohlendioxid. Der Treibhauseffekt wurde einst auf der Venus entdeckt. Dort ist es mit Temperaturen von bis zu +500 °C heißer als auf Merkur!

3 DIE HÖLLE AM HIMMEL

Die Venus verzaubert als Abend- oder Morgenstern den Dämmerungshimmel. Nach Sonne und Mond ist sie das hellste Gestirn. Der Planet trägt den Namen der römischen Göttin der Liebe. Doch dort geht es alles andere als romantisch zu.

Die Venus ist in eine undurchdringliche Wolkendecke gehüllt (Aufnahme der japanischen Sonde Akatsuki), die viel Schwefelsäure enthält. Auf der Oberfläche ist der Druck fast hundertmal höher als auf der Erde und es ist so heiß, dass Blei schmelzen würde. Die ganze Atmosphäre fegt in nur vier Tagen einmal um den Planeten herum. Die Windgeschwindigkeit liegt bei bis zu 400 Kilometern pro Stunde, wobei direkt an der Oberfläche nur eine leichte Brise weht. Venus ist mit 12.103 Kilometern Durchmesser nur wenig kleiner als unsere Erde. Warum sich unsere Schwester so komplett anders entwickelt hat, ist ein großes Rätsel.

Die Venus dreht sich extrem langsam: Eine Rotation dauert 243 Tage. Dagegen braucht sie nur 225 Tage für eine Runde um die Sonne. Kein anderer Planet rotiert so langsam. Zudem dreht sie sich als einzige mit dem Uhrzeigersinn. Vermutlich haben schwere Kollisionen in der Anfangsphase des Sonnensystems die Venus „auf den Kopf" gestellt und völlig ausgebremst.

Ganz selten zieht die Venus genau zwischen Erde und Sonne entlang. Dann ist sie als schwarzer Punkt vor der Sonnenscheibe zu sehen. Bei einem solchen Ereignis 1769 ließ sich erstmals der Abstand Erde – Sonne bestimmen. Bis zum nächsten Venustransit müssen wir noch etwas warten: Er ist am 11. Dezember 2117.

RADARBLICK AUF VENUS
Die NASA-Sonde Magellan hat per Radar durch die Wolken geblickt. Auf der Oberfläche gibt es Berge, Täler, Krater und vielleicht noch aktive Vulkane.

4 DIE ERDE IM MONDSCHEIN

Riesige Landmassen, tiefe Ozeane, eisige Polargebiete – das alles eingehüllt in eine Atmosphäre mit Wolken, Wind und Wetter. Kein anderer Planet bietet Bedingungen wie unsere Erde: Nur hier ist hoch entwickeltes Leben möglich.

Auf diesem Foto, das die Besatzung der Artemis-2-Mission bei ihrer Reise zum Mond im April 2026 gemacht hat, sind die Spuren des Lebens gut zu sehen: Auf der Nachtseite der Erde verraten sich Städte durch Kunstlicht (links unten Spanien und die Nordküste Afrikas). Die Nachtseite der Erde ist vom Schein des fast vollen Mondes erhellt.

Die Sonne befindet sich hinter der Erde – am rechten Rand bricht die Atmosphäre das grelle Sonnenlicht. Über den Polen leuchten die grünlichen Streifen der Polarlichter. Rechts unten strahlt die Venus.

Unser Raumschiff Erde ist vor knapp 4,5 Milliarden Jahren entstanden. Anfangs war es eine glühende Lavakugel. Inzwischen ist das Gestein an der Oberfläche erkaltet. Kontinente wie Europa, Afrika und Co. schwimmen auf dem flüssigen Erdinnern wie Eisschollen auf dem Wasser.

Dank der radioaktiven Elemente im Gestein ist unsere Erde noch flüssig. Bei deren Zerfall entsteht Wärme, die das Erstarren der Erde verhindert. Dadurch gibt es bis heute Vulkanausbrüche, die Gas in die Atmosphäre pusten und so die Verluste ausgleichen, die durch Luftteilchen entstehen, die am oberen Rand der Atmosphäre ins All driften. Der flüssige Erdkern sorgt zudem für das starke Magnetfeld der Erde. Es schützt uns vor der tödlichen kosmischen Strahlung. Unser Planet ist ein kosmisches Gesamtkunstwerk!

BLAUER SAUM
Ohne Atmosphäre sähe es auf der Erde aus wie auf dem Mond. Unsere Lufthülle (schmale blaue Linie am Erdrand) ist viel dünner als die meisten glauben. So kurios es klingen mag: Die Schale eines Apfels ist im Vergleich zu seiner Größe viel dicker als die Erdatmosphäre!

EINZIGARTIGE WASSERWELT?

Unsere Erde ist nicht der „nassesste" Körper im Sonnensystem: Einige Monde von Jupiter und Saturn haben unter ihrem dicken Eispanzer mehr flüssiges Wasser als es auf der Erde gibt!

GROSSER MOND

Unser Mond gehört zu den großen Objekten im Planetensystem: Nur die acht Planeten und vier andere Monde überragen ihn. Der Mond ist auch größer als der Zwergplanet Pluto.

5 GUTER MOND – MAGISCHER PARTNER DER ERDE

Während Merkur und Venus Einzelgänger sind, zieht die Erde gemeinsam mit einem Begleiter um die Sonne. Beim Umlauf um die Erde zeigt sich der Mond in verschiedenen Phasen – mal zunehmend, mal abnehmend, mal als Neu-, Halb- oder Vollmond.

Nach gängiger Theorie ist der Mond die Folge einer gewaltigen kosmischen Kollision. Ein etwa marsgroßer Körper rammte die ganz junge Erde. Dabei schleuderten große Teile der äußeren Erdschichten in den Weltraum und verklumpten sich zum Mond.

Verglichen mit seinem Planeten ist kein Mond so groß wie der Begleiter der Erde. Sein Durchmesser beträgt mit 3476 Kilometern mehr als ein Viertel des Erddurchmessers. Manchmal ist gar von einem Doppelplaneten die Rede.

Tatsächlich sähe es auf der Erde ohne Mond wohl ganz anders aus. Mit seiner Anziehungskraft stabilisiert er die Erdachse – das sorgte für eine sehr gleichmäßige Sonneneinstrahlung über Jahrmilliarden. Zudem führt der Mond zu den Gezeiten. Ebbe und Flut waren sehr bedeutend, um dem Leben, das in den Ozeanen entstanden ist, den Sprung ans Land zu ermöglichen. Der Mond ist einer der Geburtshelfer für das hoch entwickelte Leben auf der Erde.

Zwar haben die Menschen lange über mögliche Mondbewohner spekuliert, doch dort oben ist keinerlei Leben möglich. Auf dem Mond ist es staubtrocken, es gibt keine Atmosphäre und die tödliche kosmische Strahlung prasselt unaufhörlich vom Himmel.

Natürlich verzaubert er uns, ob als Sichel oder Vollmond, (hier aufgenommen von Hernán Stockebrand über dem Cerro Tololo Inter-American Observatory in Chile) mit seinem magischen Licht. Der Mond ist immer himmlisch schön!

KRATER ÜBER KRATER
Eratosthenes (60 km groß), aufgenommen von Apollo 17, zeigt den für große Krater typischen Zentralberg, der beim Einschlag eines Asteroiden zurückbleibt.

DAS MOND-DUTZEND

Während der Apollo-Missionen standen zwölf US-Astronauten auf dem Mond. Frühestens 2029 gibt es wieder eine Landung. Ist der 13. Mensch auf dem Mond eine Frau? Kommt sie aus China?

6 APOLLO: MENSCHEN AUF DEM MOND

„Es ist ein kleiner Schritt für einen Menschen, aber ein Riesensprung für die Menschheit", sagte Neil Armstrong, als er im Juli 1969 als erster Mensch den Mond betrat. Der Sprung zum Mond währte nicht lange. Im Dezember 1972 war mit Apollo 17 die Zeit der Mondflüge erst einmal vorbei.

Viele Menschen haben weltweit die Missionen fasziniert verfolgt. Doch die Kosten von Zigmilliarden Dollar waren den USA schließlich zu hoch. Denn bei Mondflügen geht es nur am Rand um Wissenschaft – sie dienen vor allem dem politischen Prestige. Der Wettlauf gegen die Sowjetunion war gewonnen. Mehr Flüge waren nicht nötig. Heute konkurrieren die USA mit China.

Harrison Schmitt, gelernter Geologe, gehörte zu den beiden bisher letzten Menschen auf dem Mond (hier aufgenommen von seinem Kommandanten Eugene Cernan). Mit dem Mondauto hatte man viele Kilometer zurückgelegt und kiloweise Gestein gesammelt.

An jeder Landestelle wurde eine extra knittrig angefertigte Flagge aufgestellt. Nach über 50 Jahren in der intensiven UV-Strahlung der Sonne sind die Farben längst verblichen. Auf dem Mond stehen derzeit nur noch weiße Fahnen der Menschheit!

Die vielen Stiefelabdrücke im Vordergrund sind dagegen noch immer völlig unverändert. Auf dem Mond gibt es weder Wind noch Regen. Die Spuren der Mondfahrer werden noch in Millionen Jahren zu sehen sein. Sie verschwinden ganz allmählich durch das Auftreffen von Staubteilchen aus dem Sonnensystem.

Vielleicht kommen nach 2029 weitere Fußabdrücke hinzu – dann eher nahe dem Mondsüdpol.

MENSCH, MOND, MÜLL
Vor Neil Armstrongs Sprung in den Mondstaub hatte die Apollo-11-Crew schon einen Müllsack hinausgeworfen. Eine Riesen-Sauerei für die Menschheit.

7 DIE RÜCKSEITE DES MONDES

Der Mond zeigt uns immer dieselbe Seite. Wir sehen stets das bekannte Muster dunkler Flecken und heller Gebiete. Die Rückseite des Mondes bleibt Blicken von der Erde jederzeit verborgen. Denn der Mond dreht sich auf geradezu tückische Weise: Eine Umdrehung dauert genauso lange wie eine Runde um die Erde. Das ist eine Folge der Anziehungskraft der Erde, die den Mond buchstäblich ausgebremst hat.

Anfangs brauchte man Raumsonden, die um den Mond herumfliegen, um Bilder der geheimnisvollen Rückseite zu bekommen. Während der Apollo-Missionen haben dann 24 US-Astronauten erstmals einen Blick auf die erdabgewandten Gebiete des Mondes geworfen. Dort gibt es viel weniger der großen dunklen „Meere" als auf der Vorderseite. Warum das so ist, ist noch immer ein Rätsel.

Am auffälligsten ist das „Mare Orientale" (mehr als 500 Kilometer groß). Es ist vor knapp vier Milliarden Jahren durch den Aufprall eines Asteroiden entstanden. Danach flutete Lava (flüssiges Wasser gibt es auf dem Mond nicht) aus dem Mondinnern das Einschlagsbecken. Die vier Menschen an Bord der Artemis-2-Mission im April 2026 waren die ersten, die das Mare Orientale mit eigenen Augen bestaunt haben (rechts unten auf der halb beleuchteten Mondscheibe). Während der Apollo-Missionen lag dieser Bereich immer im Dunkeln.

Außer dem Meer sind unzählige Krater zu sehen: Narben des kosmischen Bombardements zu Beginn des Planetensystems. Die Erde war einst ebenfalls stark unter Beschuss, aber bei uns haben Wind, Regen und Vulkanismus fast alle Krater wieder eingeebnet.

CHINAS RÜCKSEITEN-ROVER
2019 landete die Raumsonde Chang'e 4 auf der Rückseite des Mondes. Der kleine Rover Yutu rollte munter durch die staubige Landschaft im Van-Kármán-Krater.

KEINE DUNKLE SEITE

Der Mond zeigt uns immer dieselbe Seite (das berühmte Mondgesicht). Seine Rückseite ist keineswegs dunkel: Bei Neumond liegt sie, für uns nicht sichtbar, voll im Sonnenlicht!

8 SONNENFINSTERNIS IM ALL

Langsam schiebt sich der Mond vor die Sonne und bedeckt sie schließlich komplett: Der Tag wird zur Nacht. Am Himmel sind die hellsten Sterne und Planeten zu erkennen. Von der Sonne bleibt nur noch die hauchdünne Sonnenatmosphäre zu sehen, die Korona (Bild unten).

Eine totale Sonnenfinsternis ist absolut überwältigend. Es lässt keinen Menschen kalt, wenn mitten am Tag die Sonne verschwindet. In uns spüren wir eine Art Urangst, dass der Stern des Lebens plötzlich nicht mehr leuchtet. Doch das Schaudern ist nur von kurzer Dauer: Nach wenigen Minuten gibt der Mond die Sonne wieder frei.

Auf der Erde sind totale Sonnenfinsternisse stets in einem langen schmalen Streifen zu sehen, über den der Mondschatten hinwegstreicht. Wer mit einem Raumschiff am Mond unterwegs ist, hat es leichter: Die Besatzung der Artemis-2-Mission flog am 6. April 2026 um den Mond herum und kreuzte dabei auch dessen Schatten.

Dieses Foto mutet geradezu unwirklich an: Der Mond steht vor der Sonne und macht so das diffuse Leuchten des Staubs im Planetensystem sichtbar, der das Sonnenlicht streut. Fachleute sprechen vom Zodiakallicht. Der Schein der Erde beleuchtet die linke Seite der Mondkugel, ebenso wie das Sonnensegel am Raumschiff. Der Lichtpunkt rechts unten nah am Mond ist Saturn. Direkt am Raumschiff strahlt Venus als wäre sie eine Positionslampe.

Zwar gibt es fast jedes Jahr eine totale Sonnenfinsternis auf der Erde, aber meist muss man weit reisen. In Mitteleuropa ist die nächste leider erst am 3. September 2081 zu sehen.

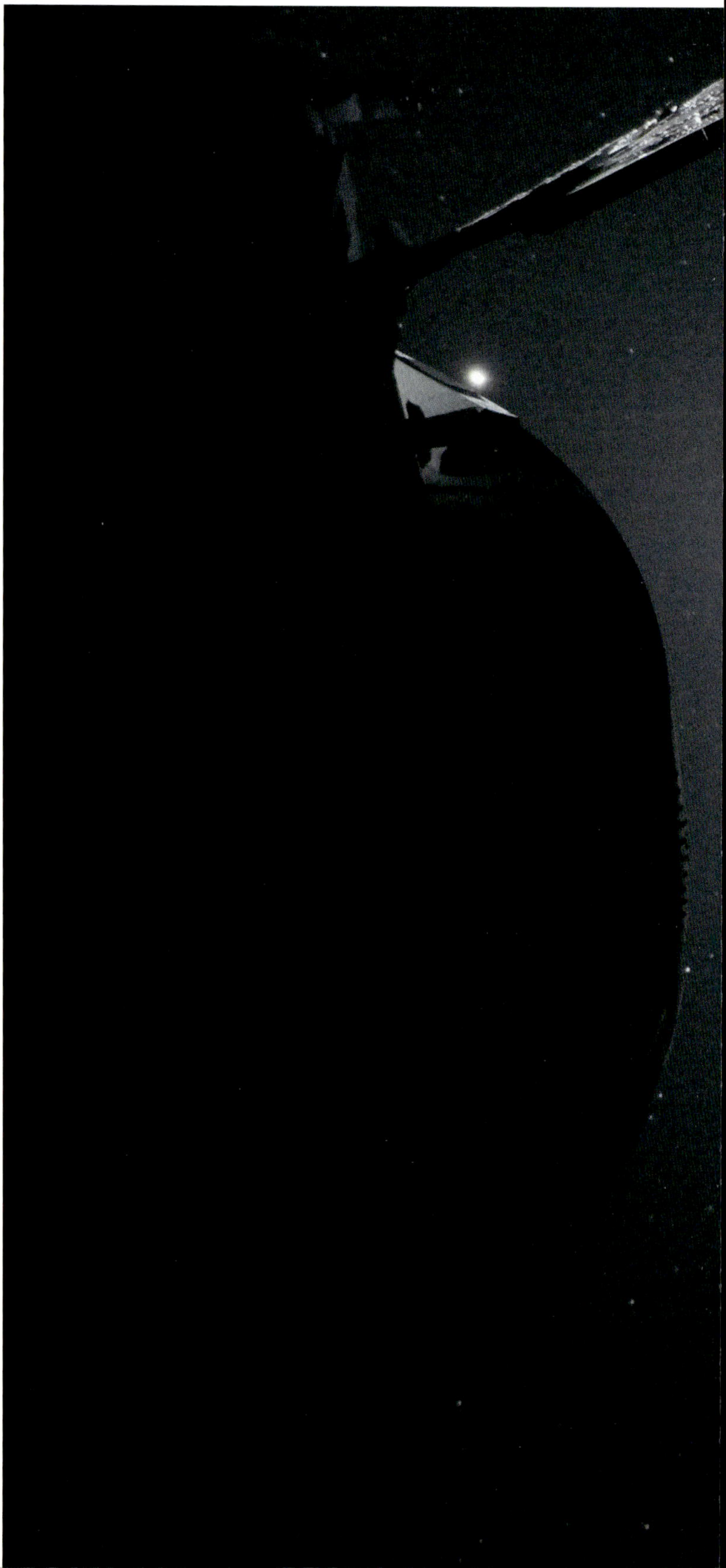

MOND KNIPST SONNE AUS

Während der Totalität (hier am 2. Juli 2019 in Chile) sind die pinkfarbenen Materieausbrüche am Sonnenrand und die fein strukturierte Korona zu sehen.

KOSMISCHER ZUFALL

Von der Erde aus gesehen erscheinen Sonne und Mond nahezu gleich groß. Das gibt es nirgendwo sonst im Planetensystem. Nur bei uns sind Sonnenfinsternisse besonders spektakulär!

9 MARS MACHT MOBIL

Wegen seiner manchmal fast blutroten Farbe heißt der Mars nach dem römischen Kriegsgott. Doch auf unserem äußeren Nachbarplaneten, der gut halb so groß wie die Erde ist, geht es äußerst friedlich zu.

Auf dem Mars gibt es Jahreszeiten wie bei uns, seine Pole sind eisbedeckt, der Mars-Tag ist nur wenig länger als der auf der Erde – und auf seiner Oberfläche zeigen sich dunkle Flecken, die wie Kontinente aussehen. Kein Wunder, dass man den Mars lange für bewohnt hielt. Doch die kleinen grünen Männchen sind nur der Fantasie entsprungen.

Mars ist zwar irgendwie wie die Erde, aber doch ganz anders. Dort ist es viel zu kalt. Es gibt kein flüssiges Wasser. Die Atmosphäre ist sehr dünn und besteht vor allem aus Kohlendioxid. Zudem ist sein Magnetfeld so schwach, dass es keinen Schutz gegen die tödliche kosmische Strahlung bietet. Jede Giftmülldeponie auf der Erde ist wohnlicher als der rote Planet.

Mars war jedoch einst viel gastlicher. Vor Jahrmilliarden hatte er eine dichte Atmosphäre. Flüsse und Seen plätscherten auf seiner Oberfläche. Im Jezero-Krater, einem ausgetrockneten See, kurvt seit 2021 der NASA-Rover Perseverance durch den Sand. Seine Landung war eines James-Bond-Films würdig: Ein Himmelskran schwebte mit Hilfe von Raketendüsen über der Landschaft und seilte dann das Forschungsfahrzeug ab. Sensationell.

Vor dem Rover sind zwei Bohrlöcher im Gestein zu erkennen. Der Rover hat schon etliche Materialproben eingesammelt und im Marssand deponiert. Irgendwann soll eine andere Raumsonde sie abholen. Aber es ist noch völlig offen, wann das geschieht.

DER ROTE PLANET
Mars, aufgenommen von Hubble, ähnelt mit Eiskappen, Wolken und „Kontinenten" fast der Erde. Aber ein idealer Ort zur Besiedlung ist er ganz und gar nicht.

VERROSTETER PLANET

Der Mars verdankt seine markante Farbe oxidiertem Eisen. Vereinfacht gesagt sind große Teile seiner Oberfläche verrostet und erscheinen daher orange-rötlich oder in Rotbraun-Tönen.

10 LEBEN AUF DEM MARS?

Heute ist die Marsoberfläche eine kalte, tote Welt. Doch einst war der rote Planet offenbar sehr lebensfreundlich, wie Bilder aus der Umlaufbahn nahelegen. So gibt es in der Bergregion Libya Montes lange Flussbetten, durch die große Wassermassen geflossen sein müssen. Es war warm, es gab flüssiges Wasser und große Mengen an kohlenstoffhaltigem Material: Nach gängiger Theorie müsste dort geradezu zwangsläufig einfaches Leben entstanden sein.

Auf der Oberfläche kann heute kein flüssiges Wasser mehr vorkommen, es würde sofort verdunsten. Aber der Marsboden enthält an vielen Stellen Wassereis – er ähnelt oft dem Permafrostboden auf der Erde. Die kleinen grünen Mikroben, so sie denn vor Jahrmilliarden entstanden sind, könnten noch heute einige Meter tief im Marsboden stecken.

Für weltweites Aufsehen sorgte eine Aufnahme der US-Sonde Viking 1 im Jahr 1976. Ein Berg in der Region Cydonia erscheint im Spiel von Licht und Schatten wie ein menschliches Gesicht. Doch dies war kein Nachweis von Aliens. Wie Bilder anderer Raumsonden zeigen, ist das vermeintliche Gesicht ein stark verwitterter Tafelberg. Bei anderer Beleuchtung bleibt vom Gesicht nichts mehr übrig.

Ab 2030 soll der ESA-Rover Rosalind Franklin über den roten Planeten fahren, in den Boden bohren und Proben aus einigen Metern Tiefe analysieren. Mit ganz viel Glück kann das rollende Forschungslabor, das nach einer englischen Biologin benannt ist, Leben auf dem Mars nachweisen. Die Entdeckung von Leben außerhalb der Erde wäre eine astronomische Sensation.

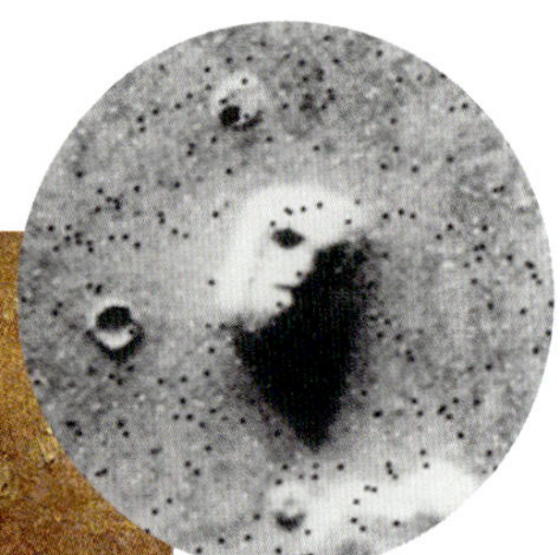

MARSGESICHT ENTZAUBERT
Wie die ESA-Sonde Mars Express zeigt, ist das angebliche menschliche Gesicht (oben, Viking-1-Foto) nur ein kurios geformter Berg und keine Botschaft von E.T.

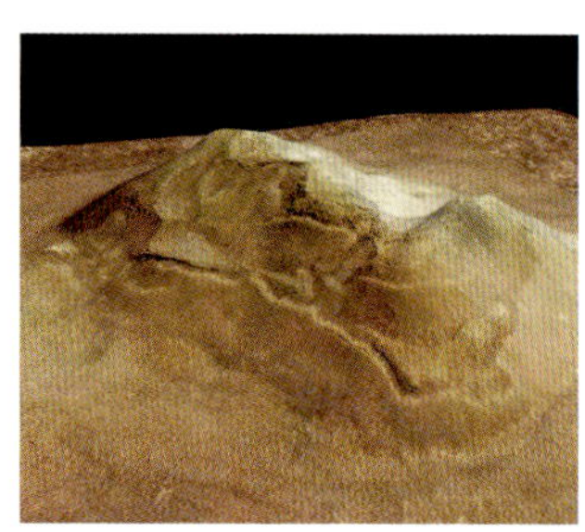

KRATERZAHL UND ALTER

Mit der Anzahl der Krater auf der Oberfläche lässt sich das Alter bestimmter Gebiete abschätzen. Faustregel: Sehr alte sind kraterübersät, jüngere Gebiete zeigen kaum Einschläge.

RIESIGE MARS-VULKANE

Die Vulkane sind – wenn man berücksichtigt, dass der Mars kleiner als die Erde ist – fünfmal höher als der Mount Everest! Durch immer neue Lavaschichten wuchsen sie in den Himmel.

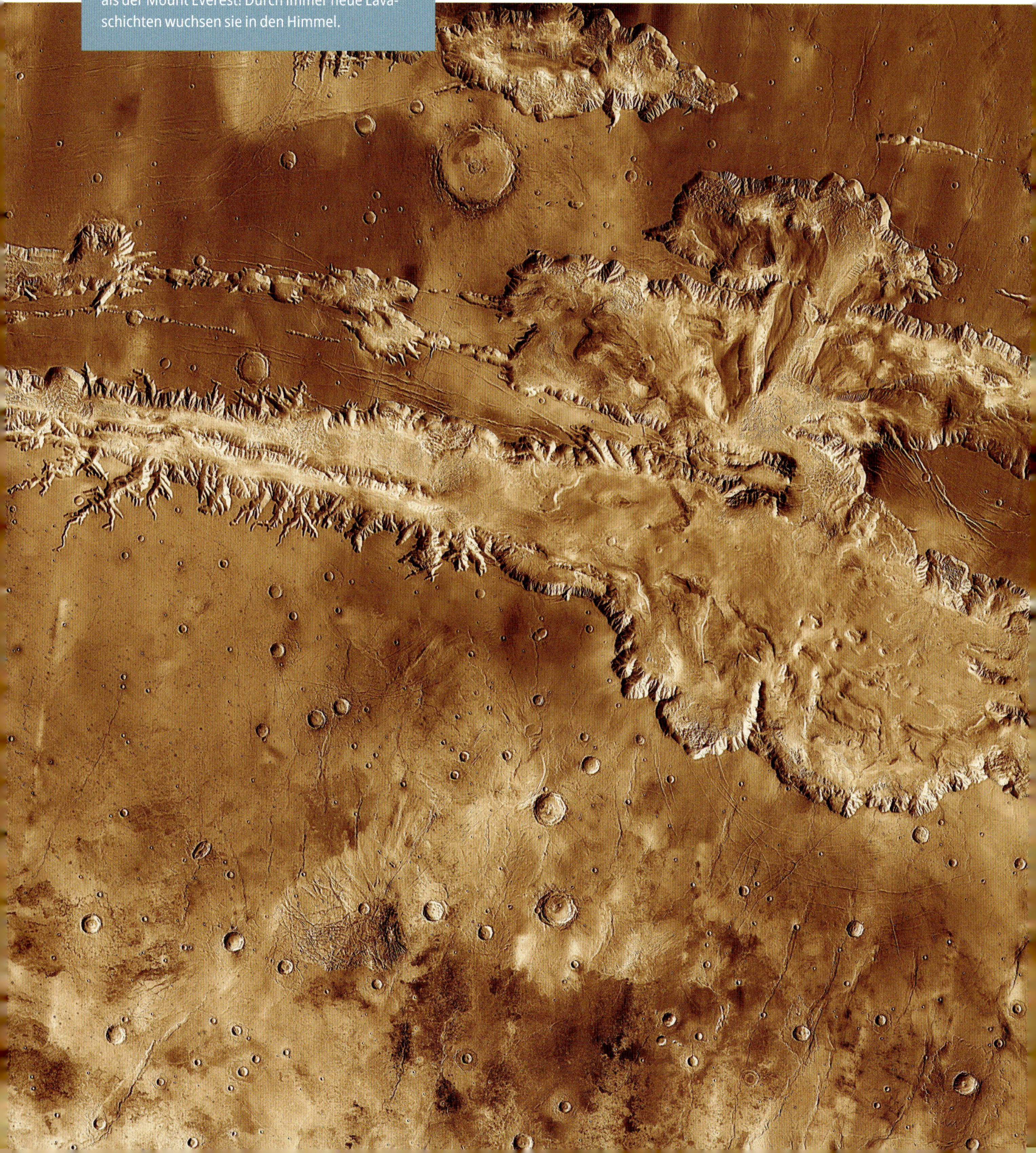

11 DAS GRÖSSTE TAL IM SONNENSYSTEM

Die Raumsonde Mariner 9 funkte 1972 Fotos zur Erde, die auch Fachleuten die Sprache verschlugen. Mitten auf dem Mars gibt es ein gewaltiges Talsystem: Es ist gut 4000 Kilometer lang (dieses Panorama der NASA-Sonde Mars Odyssey zeigt nur etwa die Hälfte), bis zu 200 Kilometer breit und sieben Kilometer tief. Lägen die „Valles Marineris", die Mariner-Täler, in Europa, so erstreckten sie sich von Lissabon bis Moskau. Der Grand Canyon wäre auf dem Mars nur ein unbedeutendes Nebental.

Das Talsystem verläuft wie eine große Narbe nahe dem Äquator. Fachleute sprechen von einem Grabenbruchsystem, das durch geologische Aktivität im Marsinnern entstanden ist. Nicht weit entfernt gibt es riesige Vulkane. Offenbar ließen Lavaströme unter der Oberfläche die obersten Schichten bersten. Später brach immer mehr Material von den Kanten ab, ausgelöst durch Erdbeben und starke Winde. So wurden die Täler immer breiter. Die Valles Marineris waren nie mit Wasser gefüllt.

Wie das Talsystem zeigt, ist der Mars viel aktiver als unser Mond. Der Mond ist seit mehr als drei Milliarden Jahren erstarrt. Ab und zu sorgen einschlagende Meteoriten für neue Krater. Auf dem Mars jedoch gab es noch vor wenigen Millionen Jahren Vulkanausbrüche. Für uns Menschen ist das ewig her, in der Astronomie und Geologie aber war das „gerade eben".

Auf dem Mars befinden sich die größten Vulkane des Sonnensystems, die mehr als 20 Kilometer aufragen. Vielleicht ist die vulkanische Aktivität auf dem Mars noch immer nicht völlig erloschen. Allerdings hat man bisher keine Ausbrüche beobachtet.

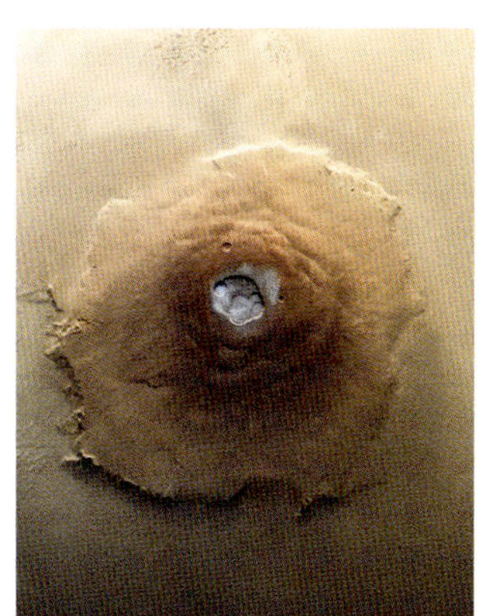

OLYMPUS MONS, DER MEGAVULKAN
Der Olymp auf dem Mars ist 26 Kilometer hoch. An seiner Basis ist dieser Vulkan so groß wie Frankreich. Ein erneuter Ausbruch ist aber nicht zu erwarten.

12 URALTE BAUSTEINE – NEUE GEFAHREN

Um die Sonne ziehen acht Planeten, über 400 Monde – und Millionen Asteroiden und Kometen! Die Kleinkörper im Sonnensystem sind zahlenmäßig die absolute Übermacht. Sie kreuzen durchs All, fallen aber meist nicht sonderlich auf.

Die größten Kleinplaneten sind mehr als hundert Kilometer groß. Die meisten bringen es aber nur auf einige hundert Meter oder wenige Kilometer. Hier sind viele der Objekte dargestellt, die schon einmal Besuch von der Erde hatten. Manchmal kommt eine Raumsonde auf dem Weg zu einem Planeten an einem Asteroiden vorbei – oder man fliegt ihn gezielt an, macht Bilder und bringt Materialproben zur Erde.

Asteroiden und Kometen sind die Krümel, die bei der Entstehung von Sonne und Planeten übrigblieben. Oftmals war das Material seitdem am Rand des Sonnensystems tiefgefroren – es verrät daher noch immer etwas über die Anfänge unserer kosmischen Heimat. Als die Erde gerade entstanden war, lieferten vermutlich zahllose Einschläge kleinerer Objekte Wasser und kohlenstoffhaltiges Material. Womöglich fiel unser Leben buchstäblich vom Himmel.

Was damals lebenswichtig war, stellt heute eine Bedrohung dar: Immer wieder kommen Asteroiden der Erde in die Quere. Brocken von wenigen Metern Größe verglühen meist in der Atmosphäre. Dagegen würden kilometergroße Körper ganze Kontinente in Schutt und Asche legen und könnten das meiste Leben auf der Erde auslöschen.

Daher erforschen Fachleute mit großem Einsatz Asteroiden und Kometen. Es geht um unsere himmlische Geschichte – und um unsere Zukunft!

243 Ida
58,8 × 25,4 × 18,6 km
Galileo, 1993

9969 Braille
2,1 × 1 × 1 km
Deep Space 1, 1999

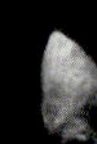

5535 Annefrank
6,6 × 5 × 3,4 km
Stardust, 2002

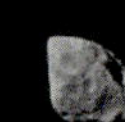

2867 Šteins
5,9 × 4 km
Rosetta, 2008

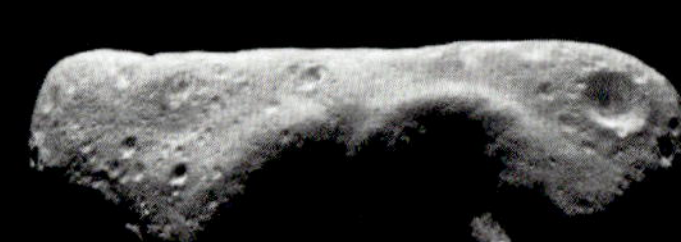

433 Eros
33 × 13 km
Near, 2000

25143 Itokawa
0,5 × 0,3 × 0,2 km
Hayabusa, 2005

253 Mathilde
66 × 48 × 44 km
Near, 1997

EINST ALLES PLANETEN

In der ersten Hälfte des 18. Jahrhunderts galten die Asteroiden, auch Lutetia, als Planeten! Als man hunderte dieser Kleinkörper entdeckt hatte, „degradierte" man sie zu Asteroiden.

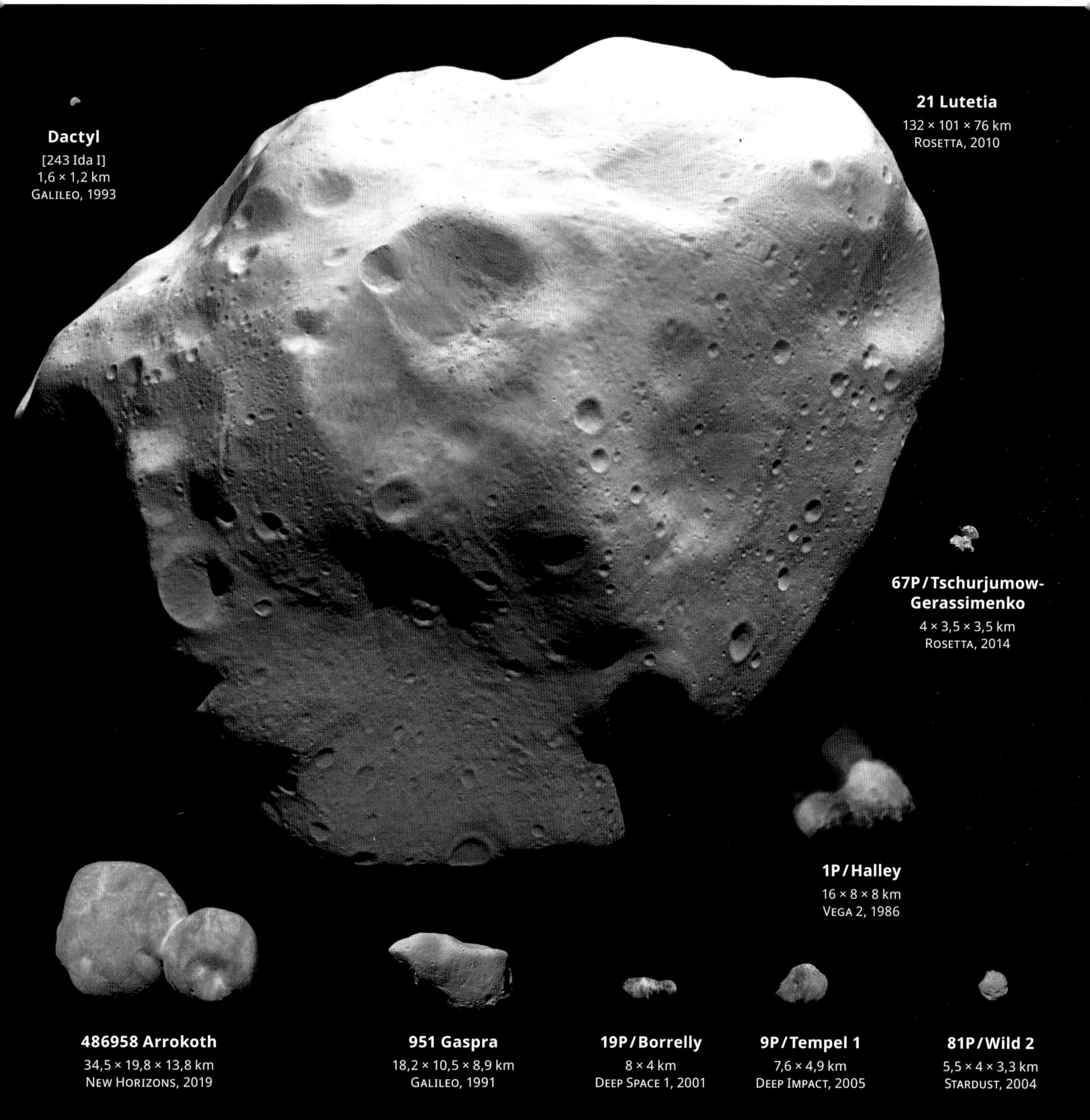
Dactyl
[243 Ida I]
1,6 × 1,2 km
Galileo, 1993
21 Lutetia
132 × 101 × 76 km
Rosetta, 2010
67P/Tschurjumow-Gerassimenko
4 × 3,5 × 3,5 km
Rosetta, 2014
1P/Halley
16 × 8 × 8 km
Vega 2, 1986
486958 Arrokoth
34,5 × 19,8 × 13,8 km
New Horizons, 2019
951 Gaspra
18,2 × 10,5 × 8,9 km
Galileo, 1991
19P/Borrelly
8 × 4 km
Deep Space 1, 2001
9P/Tempel 1
7,6 × 4,9 km
Deep Impact, 2005
81P/Wild 2
5,5 × 4 × 3,3 km
Stardust, 2004

WELT(RAUM)RUHM GEFÄLLIG?

Kometen werden stets nach ihren Entdeckern benannt. Wer sich unsterblich machen will, muss also „nur" einen neuen Kometen aufspüren. Dann zieht man ewig durch das Weltall.

13 ROSETTAS FLUG ZUM KOMETEN

Kometen bestehen aus Eis, Staub und Geröll. Fachleute sprechen oft von den schmutzigen Schneebällen oder den eisigen Dreckhaufen. Diese Objekte sind absolut faszinierend, denn es sind die gefrorenen Überreste aus der Entstehungszeit des Sonnensystems. Myriaden dieser Eisbrocken ziehen Zigmilliarden Kilometer entfernt weit jenseits des Pluto um die Sonne. Manchmal gerät einer auf Abwege und bewegt sich ins innere Sonnensystem. Dann heizt die Sonne den Kometenkern auf: Das Eis wird zu Gas und reißt meist viel Staub und Gestein mit. Der kleine Kern, typischerweise nur wenige Kilometer groß, entwickelt einen Schweif, der sich über viele Millionen Kilometer erstrecken kann.

Einst galten Kometen, die oft unvorhergesehen am Himmel auftauchen, als Unglücksboten. Heute verzücken die ungewöhnlichen Objekte die meisten Menschen. Die Fachwelt begeistert sich für Kometen, weil sie fliegende Gefriertruhen sind, die viel über die Geschichte des Sonnensystems verraten. Ab 2014 hat Europas Raumsonde Rosetta jahrelang den Kometen Tschurjumow-Gerassimenko begleitet – die Tochtersonde Philae ist sogar auf ihm gelandet! Der Komet hat eine überraschend dunkle „Kruste". Durch Risse schießen Gasfontänen ins All.

Oft sind Kometen „indirekt" zu sehen: Kreuzt die Erde eine Kometenbahn, so fegt sie viele Steinchen auf, die dort entlang ziehen. Die Kometenreste leuchten dann als Sternschnuppenstrom, am bekanntesten sind die Perseiden im August. Aber keine Sorge: Es ist nur eine Frage der Zeit, bis wieder ein heller Komet mit Schweif am Himmel strahlt!

DER BERÜHMTESTE KOMET
1986 flog die Raumsonde Giotto gut 500 Kilometer entfernt am Kometen Halley (15 km groß) vorbei. Es war Europas erste Mission jenseits der Erdumlaufbahn. Halley ist derzeit gut fünf Milliarden Kilometer entfernt und wird 2061 wieder am Himmel zu sehen sein.

14 BESUCH AUS DER MILCHSTRASSE

Im Herbst 2025 stand Komet ATLAS am Himmel. Er kam nicht vom Rand des Sonnensystems, sondern aus den Tiefen der Milchstraße. Der Komet ist viele Lichtjahre entfernt irgendwo bei einem anderen Stern entstanden. Dort hat er sich davon gemacht und ist nach Millionen Jahren an der Sonne vorbeigezogen (oben; Aufnahme Gemini-South-Teleskop).

Er wird nie wiederkehren, sondern irgendwann einen anderen Stern besuchen. ATLAS – benannt nach dem Himmelsüberwachungsprogramm, bei dem er ins Netz ging – ist erst das dritte „interstellare" Objekt, wie Fachleute sagen. Zuvor zog im November 2019 Komet Borisov über den Himmel (rechts unten neben einer weit entfernten Galaxie; Hubble-Aufnahme).

Interstellare Besucher wird es schon immer gegeben haben. Allerdings fallen sie erst jetzt auf, da Nacht für Nacht zahllose neue Asteroiden und Kometen aufgespürt werden. Die zugereisten Exemplare verraten sich durch ihre markante Bahn, die nur an der Sonne vorbei, aber nicht um sie herum verläuft.

Im Idealfall erforscht man so ein Objekt aus der Nähe. ATLAS & Co. könnten etwas über die chemischen Bedingungen am Ort ihrer Entstehung verraten, wo auch immer der gewesen sein mag. Leider ist die Vorwarnzeit von wenigen Monaten viel zu kurz, um sie mit einer Raumsonde abzupassen.

Das erste bekannte interstellare Objekt war 2017 'Oumuamua, entdeckt von Hawaii aus. Sein Name heißt, wie passend, in der Sprache der Einheimischen „Der erste Besucher von weit her". Inzwischen eilt 'Oumuamua schon zu seinem nächsten Rendezvous irgendwo in der Milchstraße. Grüß schön!

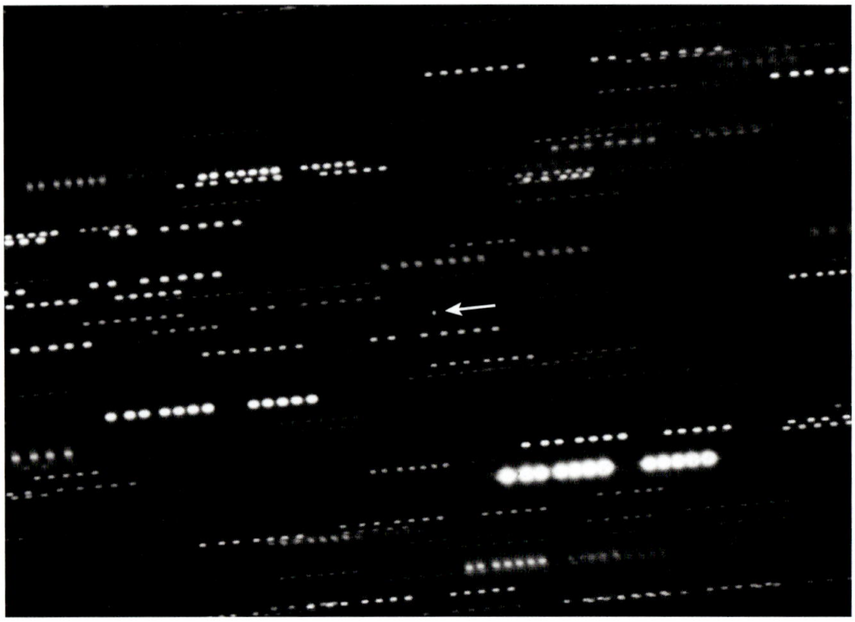

DER ERSTE BESUCHER
'Oumuamua, aufgenommen mit dem Großteleskop VLT in Chile. Während der Aufnahmeserie bewegte sich der Asteroid. Daher erscheinen die Sterne verschoben.

INTERSTELLARE GÄSTE

Automatische Teleskope suchen Nacht für Nacht ungewöhnliche Objekte. Allein das Rubin-Observatorium in Chile dürfte bald reihenweise interstellare Besucher ausfindig machen.

PLANETEN-STAUBSAUGER

Jupiter fängt viele Kometen und Asteroiden ein. Er verschlingt alles, was in seine Nähe kommt. Wer weiß, wie oft er so unsere Erde vor einem kosmischen Treffer bewahrt hat!

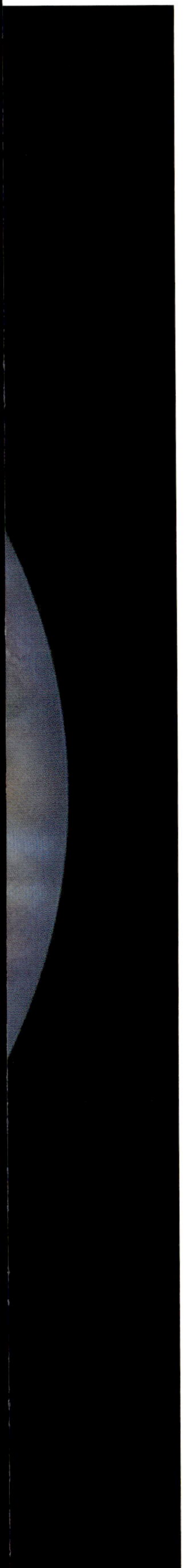

15 DER PLANETENRIESE IM SONNENSYSTEM

Jupiter ist der mit Abstand größte aller Planeten. Sein Äquatordurchmesser beträgt 143.000 Kilometer – das Elffache des Erddurchmessers. Jupiter hat rund doppelt so viel Masse wie alle anderen Planeten, Monde, Asteroiden und Kometen zusammengenommen.

Am Nachthimmel leuchtet er in cremefarbenem Licht heller als alle Sterne. Nur seine Planetenschwester Venus überstrahlt ihn deutlich.

Der Riesenplanet (Hubble-Aufnahme) rotiert in nur zehn Stunden einmal um seine Achse! Anders als die Erde ist er keine Gesteinskugel, sondern ein Gasplanet. In seinen äußeren Schichten sind zahllose Wirbel zu erkennen.

Jupiter besteht – wie die Sonne – vor allem aus Wasserstoff und Helium. Hätte er bei seiner Entstehung etwa 70-mal mehr Material abbekommen, dann könnte in seinem Innern die Kernfusion gezündet haben und er wäre zu einem schwachen Stern geworden.

Als Anfang des 17. Jahrhunderts Galileo Galilei und der Ansbacher Astronom Simon Marius Teleskope auf Jupiter richteten, bemerkten sie vier Lichtpunkte in seiner Nähe, die ihre Stellung von Nacht zu Nacht veränderten. Die Bewegung der Monde um Jupiter herum widerlegte die alte Lehrmeinung, dass die Erde das Zentrum aller Bewegungen sei. Jupiter und seine Monde halfen dem neuen Weltbild mit der Sonne im Zentrum des Planetensystems auf die Sprünge!

Bei passend gewählter Flugbahn zapfen vorbeifliegende Raumsonden etwas Bahnenergie des Planeten ab. Ohne die Hilfe Jupiters hätte Voyager 2 in den 1980er-Jahren nicht die große Planetentour zu Saturn, Uranus und Neptun meistern können.

DER SCHÖNSTE WIRBELSTURM
Der Große Rote Fleck ist ein Wirbelsturm (Aufnahme Voyager 1), der seit mehr als 300 Jahren beobachtet wird. In ihm könnte die Erde komplett versinken.

16 MONDE MIT VULKANEN UND OZEANEN

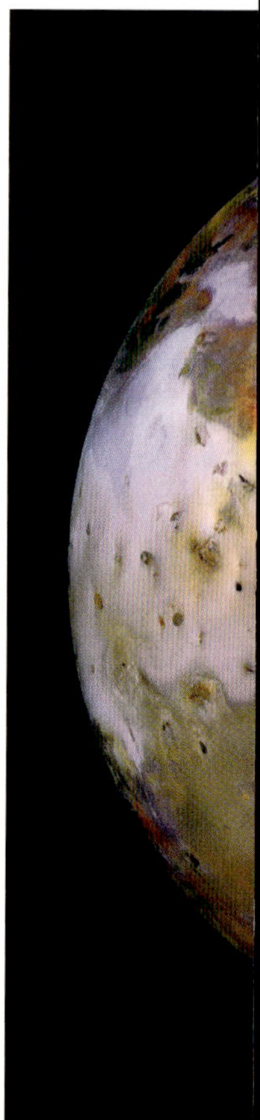

Der Riesenplanet Jupiter herrscht über eine Art Mini-Sonnensystem. Mehr als 100 Monde ziehen um ihn herum. Allerdings sind die meisten nur eingefangene Asteroiden, mehr himmlische Trümmer als „schöne" Monde. Dafür sind die vier größten eine Klasse für sich. Zögen sie allein um die Sonne, so könnte man sie als Planeten zählen.

Io (links oben, Aufnahme Raumsonde Juno) trägt wegen seines kuriosen Aussehens den Spitznamen Pizzamond. Doch dort gibt es weder Salami noch Käse oder Tomaten, sondern aktive Vulkane, viel Schwefel, Lava und Asche. Io wird von Jupiter und den äußeren Monden regelrecht durchgeknetet und ist daher im Innern noch flüssig. Der Mond der Erde ist nur wenig kleiner als Io, aber komplett erstarrt. Europa (rechts oben, Raumsonde Juno) ist in einen dicken Eispanzer gehüllt. Aus den vielen Rissen quillt immer wieder Eismatsch hervor. Unter der kilometerdicken Eiskruste gibt es vermutlich einen mehr als 50 Kilometer tiefen Ozean aus flüssigem Wasser. Ab 2030 wird der „Europa Clipper" der NASA diesen Mond für einige Jahre genauestens erforschen. Könnte es in seinem Ozean einfaches Leben geben? Ganymed (links unten, Juno) ist mit 5260 Kilometern Durchmesser der größte Mond im Sonnensystem. Er überragt sogar den Planeten Merkur und hat als einziger Mond ein Magnetfeld. Auch unter seiner eisigen Oberfläche gibt es einen tiefen Ozean aus salzhaltigem Wasser. Kallisto (rechts unten, Raumsonde Voyager 2) ist ebenfalls eisbedeckt, aber vollkommen inaktiv. Er ist von zahllosen Kratern gezeichnet.

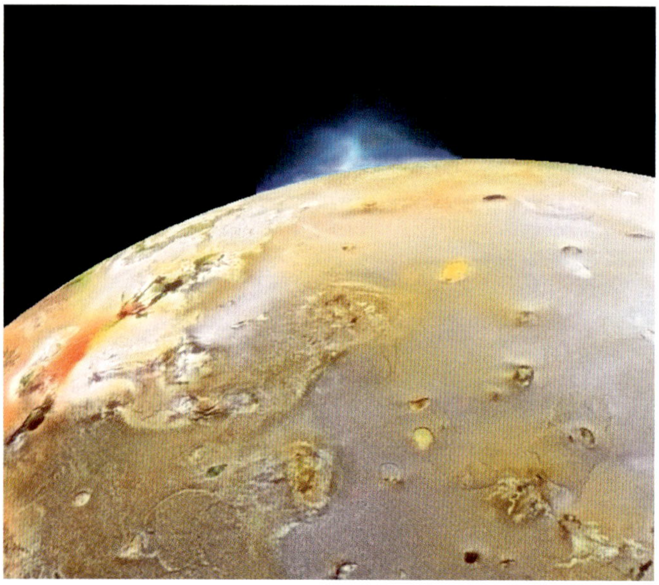

FEUER UND EIS: Der Mond Io (links) ist der vulkanisch aktivste Körper im Sonnensystem, ständig gibt es neue Ausbrüche – auf Europa (rechts, der Bildausschnitt ist 28 Kilometer breit) quillt Eismatsch hervor und sorgt für ein Gewirr zerbrochener Eisschollen (Raumsonde Galileo).

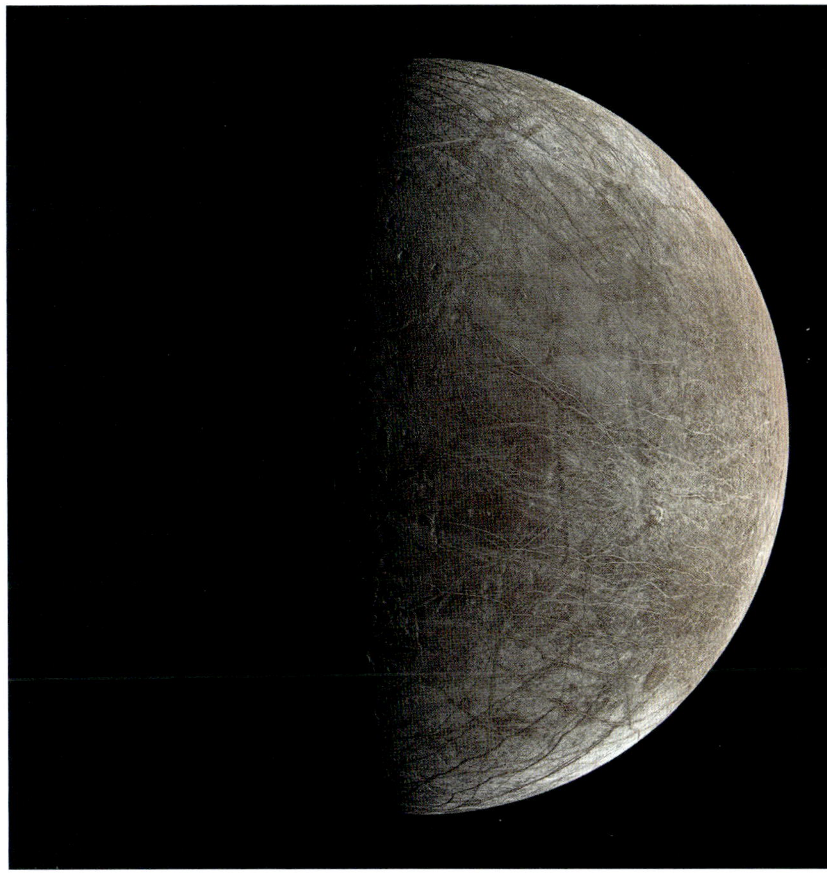

17 DER SCHÖNSTE PLANET VON ALLEN

Venus strahlt viel heller, Mars ist geheimnisvoller und Jupiter viel größer: Doch der schönste Planet ist natürlich Saturn mit seinem überwältigenden Ringsystem (Aufnahme Raumsonde Cassini). Das besteht aus Myriaden von Steinen, Staubpartikeln und Eisbrocken. Sie kreisen wie unzählige kleine Monde um den Planeten.

Saturn ist gemeinsam mit den übrigen Planeten vor rund 4,5 Milliarden Jahren entstanden. Aber die Ringe sind – astronomisch gesehen – wohl recht jung, vermutlich nur rund 100 Millionen Jahre alt. Nach einer Theorie sind sie entstanden, als sich ein eisiger Mond zu sehr Saturn genähert hat und von dessen Anziehungskraft regelrecht zermahlen wurde.

Saturns geringster Abstand zur Erde beträgt 1,2 Milliarden Kilometer. Er ist der fernste noch gut mit bloßem Auge sichtbare Planet. Als die Raumsonde Cassini jahrelang als künstlicher Mond um Saturn geflogen ist, waren die Funksignale zwischen Sonde und Kontrollzentrum stets mehr als eine Stunde lang unterwegs. Dort draußen zieht Saturn recht gemächlich um die Sonne herum: Er braucht fast 30 Jahre für eine Runde.

Wie Jupiter ist auch Saturn ein Gasriese, der vorwiegend aus Wasserstoff und Helium besteht. Er hat keine so schönen Wirbel wie Jupiter, aber in seinen obersten Schichten toben Stürme mit bis zu 1800 Kilometern pro Stunde – daran gemessen ist ein Hurrikan auf der Erde ein laues Lüftchen.

Saturn hat nur einen kleinen festen Gesteinskern. Die mittlere Dichte des Planeten ist deutlich kleiner als die von Wasser: Würde Saturn in einen riesigen Ozean stürzen, so würde er schwimmen!

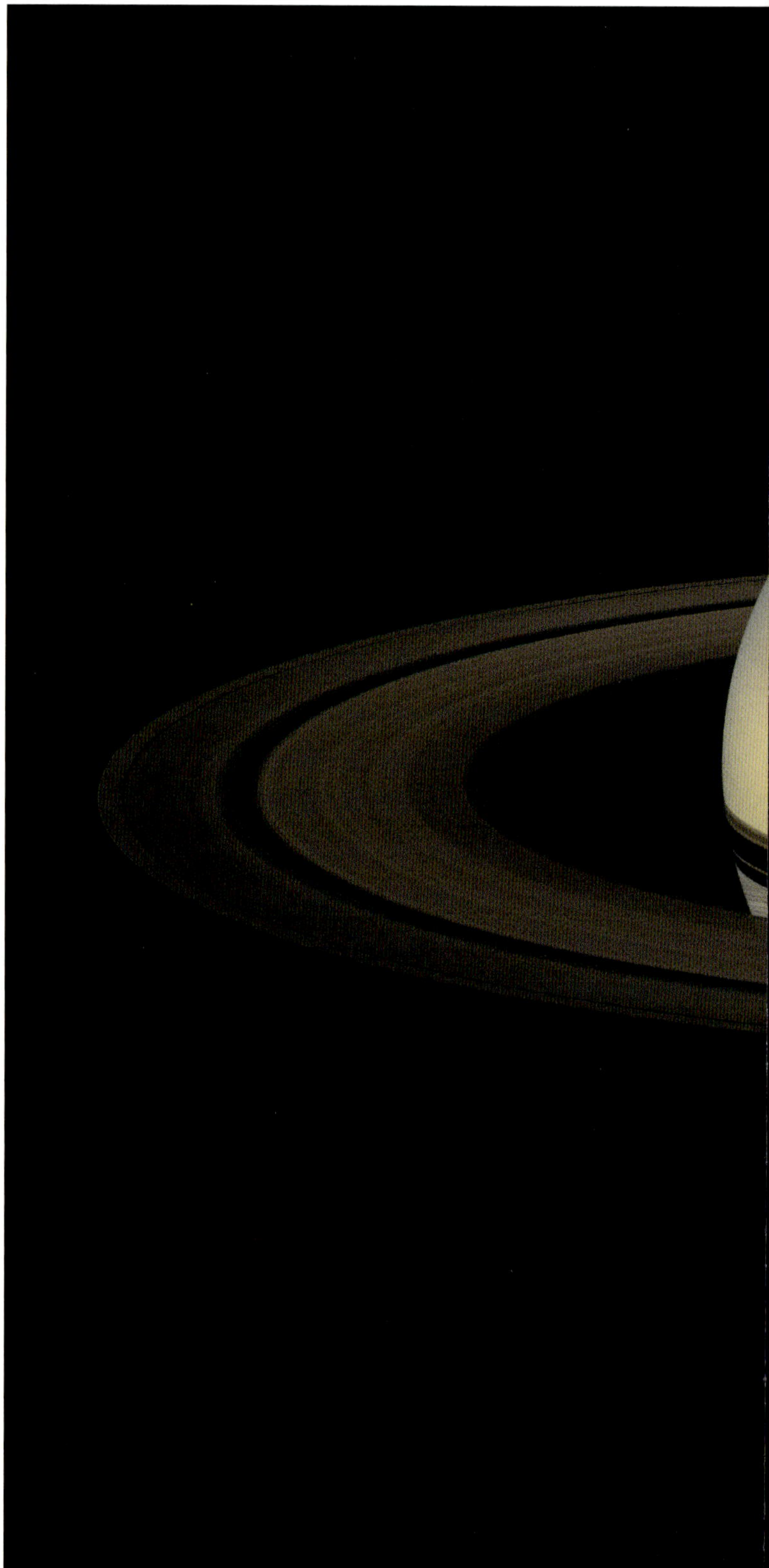

SICHEL UND SCHATTEN Von der Erde aus niemals zu sehen: Der Raumsonde Cassini gelang dieses sensationelle Foto der Saturnsichel und des Planetenschattens auf den Ringen.

HAUCHDÜNNE RINGE

Das Ringsystem Saturns hat gut 270.000 Kilometer Durchmesser, ist aber nur etwa 100 Meter dünn! Im Verhältnis ist jede Zeitungsseite viel dicker als die Saturnringe.

18 MONDE MIT GEWÄSSERN – UND LEBEN?

Der Saturnmond Titan (5150 Kilometer Durchmesser; alle Aufnahmen Raumsonde Cassini) ist größer als der Planet Merkur. Er sticht sogar die Erde aus, denn seine Atmosphäre ist anderthalbmal so dicht ist wie die unseres Planeten. Sie besteht größtenteils aus Stickstoff – dort gibt es Wind, Wolken und Regen.

Berge und Flusstäler prägen Titans Oberfläche. Doch die Berge sind nicht aus Gestein, sondern aus Wassereis, das bei etwa –180 °C hart gefroren wie Granit ist. Dennoch gibt es dort Regen: Methan, bei uns Bestandteil des Erdgases, ist auch bei diesen Temperaturen noch flüssig. Hin und wieder tröpfelt es aus der Wolkendecke.

Auf Titan gibt es sogar eine Art Vulkanismus. Allerdings quillt dort keine Lava aus den Spalten der Oberfläche, sondern Eismatsch aus Kohlenwasserstoffen. Womöglich hat sich dort ganz einfaches Leben gebildet. Ab 2034 will die NASA mit dem Helikopter „Dragonfly" (Libelle, Start 2028) Titans Oberfläche genauer erforschen.

Nicht minder faszinierend ist Enceladus. Dieser Mond ist zwar nur 500 Kilometer groß, aber es ist der vielleicht heißeste (trotz der eisigen Temperaturen ...) Kandidat für extraterrestrisches Leben im Sonnensystem, noch vor Mars! Seine Oberfläche ist von einem kilometerdicken Eispanzer bedeckt. Darunter gibt es einen tiefen Ozean aus Salzwasser. Durch Risse im Eis sprühen stets Geysire bis zu 5000 Kilometer hoch in den Weltraum.

Die ESA konzipiert eine Mission zu Enceladus. Anfang der 2050er-Jahre könnte eine Raumsonde auf dem Eis landen und vor Ort nach möglichen Mikroben suchen.

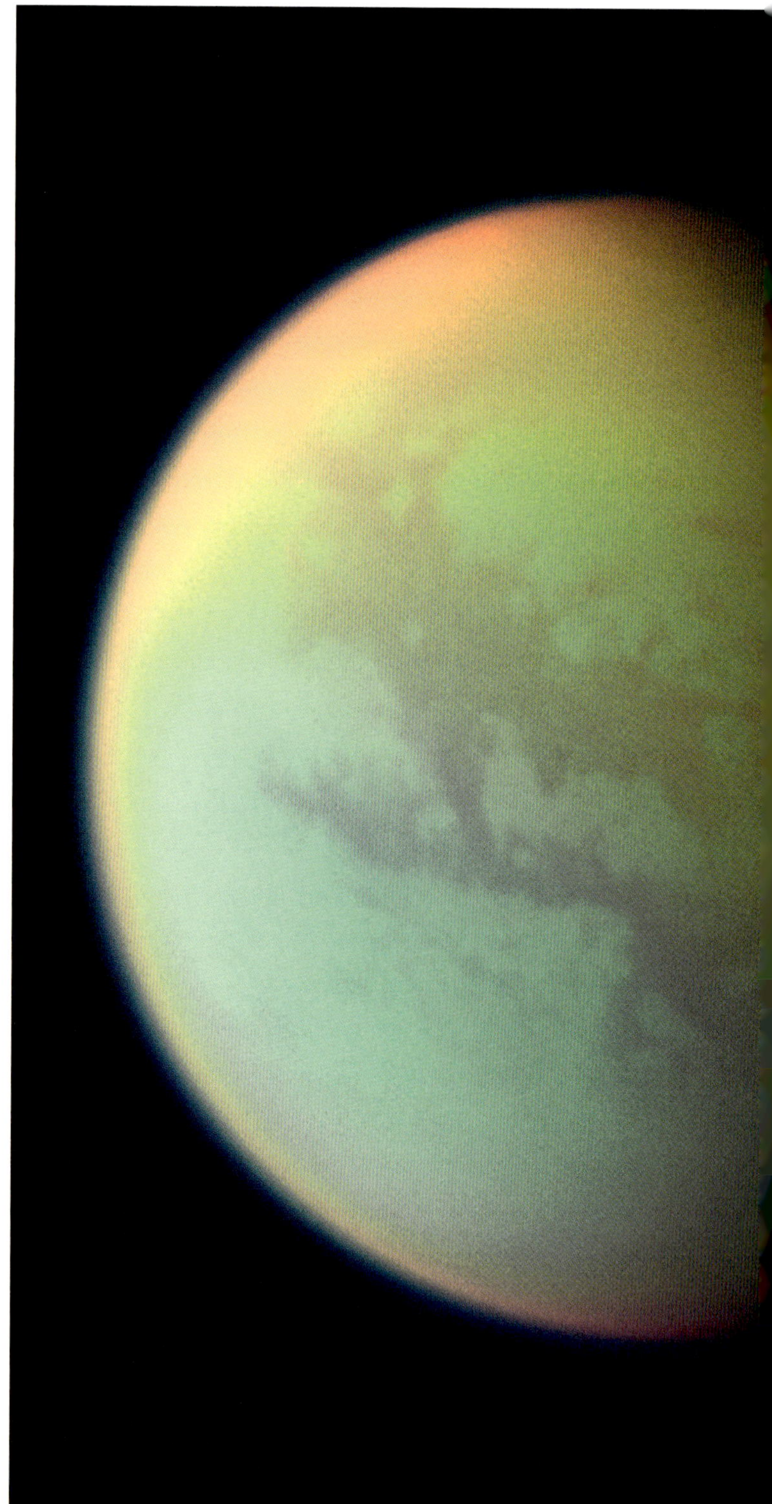

GEYSIRE FÜR DAS LEBEN? Den Eispanzer von Enceladus durchziehen tiefe Risse, aus denen Geysire aus Wasserdampf und Staub emporschießen, entdeckt von der Raumsonde Cassini.

MONDKÖNIG SATURN

285 Monde (Stand Mai 2026) ziehen um Saturn. Er hat mehr Monde als alle anderen Planeten zusammen. Die meisten sind aber nur wenige Kilometer große Eis- und Gesteinsbrocken.

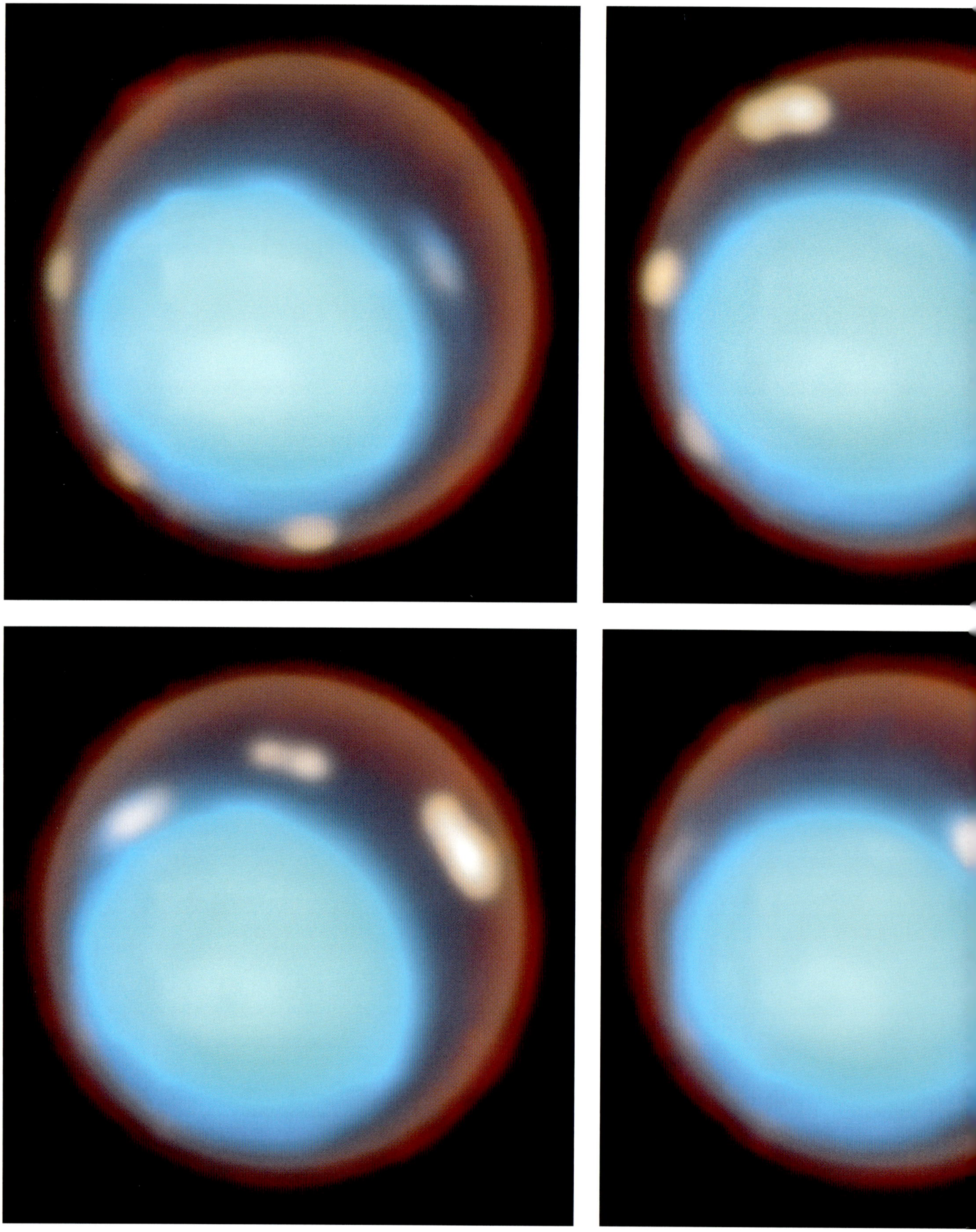

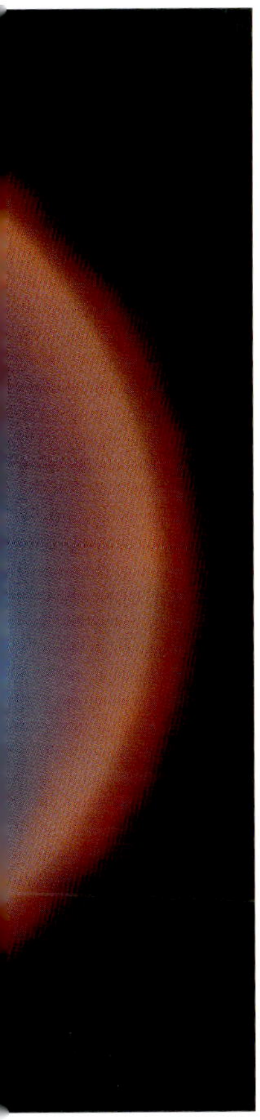

19 DER UMGEKIPPTE PLANET

In der Antike waren nur die sechs Planeten bis zum Saturn bekannt. Uranus ist die erste Erweiterung des traditionellen Weltbildes. Seine Entdeckung 1781 durch Wilhelm Herschel war eine Sensation.

Wie sich später herausstellte, hat schon fast 100 Jahre zuvor John Flamsteed Uranus beobachtet – ihn aber irrtümlich als Stern 34 Tauri im Sternbild Stier in seine Karten eingetragen. Tragisch ist der Fall des französischen Astronomen Pierre Charles Le Monnier, der Uranus zwölfmal beobachtet und nicht als Planet erkannt hat. François Arago spottete über die chaotischen Aufzeichnungen Le Monniers. So war eine der Uranus-Beobachtungen auf einer alten Haarpuder-Tüte notiert. Auch Astronomen sind Menschen.

Mit einem Durchmesser von 51.000 Kilometern liegt Uranus zwischen der Erde und den Gasriesen Jupiter und Saturn. Er hat keine feste Oberfläche, sondern besteht vor allem aus Wasserstoff, Helium und Methan. In seinen oberen Schichten bilden sich helle Wolken. Diese Bilder des James-Webb-Teleskops zeigen die Drehung des Planeten über elf Stunden.

Uranus umschwirren 29 Monde, der bisher letzte wurde 2025 von Webb entdeckt. Die Rotationsachse von Uranus ist um 98 Grad geneigt. Der Planet ist also komplett auf die Seite gekippt – offenbar ist er vor langer Zeit mit einem großen Objekt zusammengestoßen. Das hat kuriose Folgen: Die Sonne scheint derzeit für fast 40 Jahre auf die Nordhälfte des Planeten und danach ebenso lange auf die Südhälfte. Nur rund um die Tagundnachtgleichen werden für kurze Zeit weite Bereiche des Planeten von der Sonne beschienen.

FAST VERGESSEN

1986 ist Voyager 2 als bisher einziger Besuch an Uranus vorbeigeflogen. Seitdem wird der Planet nur mit Teleskopen beobachtet. Vor 2060 dürfte keine neue Raumsonde vor Ort sein.

RINGE UND MONDE
Auch Uranus hat Ringe. Allerdings sind sie recht dünn und erscheinen nur beim Infrarotblick von James Webb sehr auffällig. Zudem sind viele Monde zu sehen.

20 DER BERECHNETE PLANET

Neptun ist der fernste der acht Planeten. Sein Abstand beträgt rund 4,5 Milliarden Kilometer. Uranus und Neptun sind etwa gleich groß und beide sind Gasplaneten, die aus Wasserstoff, Helium und Methan bestehen. Doch in den oberen Schichten Neptuns geht es viel dynamischer zu als auf Uranus.

Etliche große Sturmsysteme ziehen um den Planeten, der sich in 16 Stunden einmal um seine Achse dreht. Windgeschwindigkeiten von etwa 2000 Kilometern pro Stunde wurden gemessen – nirgends im Sonnensystem bläst der Orkan so heftig.

1989 erfolgte der bisher einzige Besuch durch Voyager 2. Zum Glück für die Fachleute sehen heute die Weltraum-Instrumente wie Hubble und Webb und die Riesenteleskope am Boden bei Neptun so viele Details, dass man die lange Raumsondenpause verkraften kann. Das James-Webb-Teleskop zeigt den Planeten mit seinen dünnen Ringen und dem Mond Triton (links oberhalb) sowie einigen Galaxien im Hintergrund.

Neptuns Entdeckung ist eine kuriose Geschichte. Die Mathematiker Urbain Leverrier in Paris und John Couch Adams in London haben aus Abweichungen der Uranusbahn auf einen unbekannten Planeten geschlossen. Sie berechneten 1846 dessen Position, wurden aber von ihren Heimatinstituten nicht ernst genommen.

Leverrier teilte seine Vorhersage Johann Gottfried Galle in der Berliner Sternwarte (heute Astronomisches Institut Potsdam) mit. Prompt entdeckte er den Planeten dicht neben der genannten Stelle. So wurde Neptun in Paris und London berechnet, aber in Berlin gefunden – europäischer kann ein Planet nicht sein!

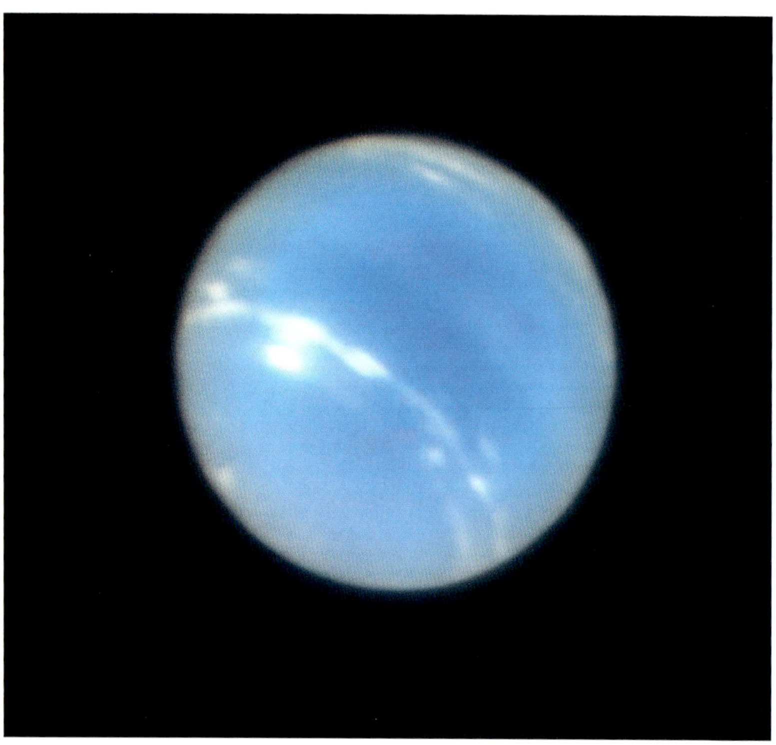

SCHARFE WOLKEN
Das Very Large Telescope (8 Meter Spiegeldurchmesser) in Chile zeigt dank seiner adaptiven Optik Sturmwolken in der Neptunatmosphäre in allen Details.

LETZTE AUSFAHRT

Seitdem Pluto nur noch als Zwergplanet gilt, ist Neptun der fernste aller Planeten. Wer an ihm vorbeizieht, hat die schier endlosen Weiten der Milchstraße vor sich.

„NUR" NOCH ZWERGPLANET

Seit 2006 gilt Pluto nicht mehr als Planet. Weil immer mehr ähnliche Objekte entdeckt werden, gäbe es ohne diese Neudefinition bald Dutzende Planeten. Pluto ist das herzlich egal.

21 ZWERGPLANET MIT GROSSEM HERZ

2015 zieht die Raumsonde New Horizons an Pluto vorbei. Ihre Bilder verzücken die Himmelsfans weltweit. Eine kleine Raumsonde erreicht nach knapp zehn Jahren Flugzeit und einer Wegstrecke von fünf Milliarden Kilometern endlich ihr Ziel – und was macht Pluto? Er zeigt Herz!

Die Herzstruktur (etwa 1600 Kilometer groß) ist offenbar Folge einer streifenden Kollision mit einem großen Brocken aus Eis und Gestein. Dieses Gebiet ist mit frischem Stickstoffeis bedeckt. Die älteren Berge rundherum sind deutlich dunkler.

Pluto, kleiner als unser Erdmond, ist wahrlich ein Zwergplanet, doch er hat eine dünne Stickstoff- und Methanatmosphäre. Auf Pluto wehen zarte Winde und an der Oberfläche gibt es etliche Fließstrukturen und überraschend wenige Krater. Offenbar quillt immer wieder Eismatsch aus Kohlenwasserstoffen hervor. Vielleicht gibt es unter seiner eisigen Oberfläche einen Ozean aus flüssigem Wasser.

Mit seinem Begleiter Charon – halb so groß wie Pluto – bildet er ein kosmisches Doppel. Bei Charon fällt eine rund 1000 Kilometer lange Gebirgskante mit tiefen Gräben auf, die ein wenig den Valles Marineris auf dem Mars (siehe 11) ähnelt.

Pluto und Charon sind so weit draußen, dass von dort die Sonne nicht mehr als Scheibe zu erkennen ist. Am Plutohimmel erscheint sie nur noch als greller Lichtpunkt.

Das Herzgebiet heißt inzwischen Tombaugh Regio, nach Clyde Tombaugh, der Pluto 1930 bei einer systematischen Suche entdeckt hat. An Bord von New Horizons sind sogar einige Gramm der Asche von Clyde Tombaugh. Er bekam ein interstellares Begräbnis.

EISBERGE UND DÜNEN
Links ragen Berge aus Wassereis 1,5 Kilometer auf, rechts schließt sich ein Gebiet mit eisigen Dünen an. Plutos Landschaft ist überraschend vielfältig!

22 BOTSCHAFTER DER MENSCHHEIT

Als New Horizons Pluto passiert hatte, blickte die Sonde noch einmal zurück: Die Sonne steht genau hinter Pluto, dessen Atmosphäre das Licht bricht und so diesen wunderbaren Ring zaubert. 2019 gelang noch der Vorbeiflug am Asteroiden Arrokoth (siehe 12), der an einen Schneemann erinnert. Jetzt gibt es nur noch dunkle Ödnis.

Fünf Raumsonden verlassen das Sonnensystem: Außer New Horizons sind das Pioneer 10 und 11 sowie Voyager 1 und 2, gestartet in den 1970er-Jahren. Am weitesten ins All vorgedrungen ist Voyager 1: Sie ist schon fünfmal weiter von der Sonne entfernt als Pluto. Jeden Tag rast sie 1,5 Millionen Kilometer weiter hinaus.

Erst in mehr als 100.000 Jahren gelangen die Raumsonden in die Nähe anderer Sterne. Sie fliegen nicht gezielt einen Nachbarn der Sonne an, sondern kreuzen vermutlich „ewig" durch die Milchstraße.

Doch für den Fall, dass eine andere Zivilisation sie einfängt, tragen sie Botschaften von der Erde. Voyager & Co. sind eine kosmische Flaschenpost der Menschheit.

Bei New Horizons hat man sich leider nur wenige Gedanken gemacht. Zwei CD-ROMs mit Namen und Bildern werden für die Aliens kaum zu lesen sein.

Dagegen zeigt auf den Pioneers eine Plakette zwei Menschen und die Position der Erde. Die Voyager-Sonden tragen goldene Bild- und Tonplatten mit unseren Nachrichten ins All – samt Bauanleitung für einen Plattenspieler. Neben Musik von Beethoven und Chuck Berry, Blätterrauschen, Gelächter und Straßenlärm gibt es auch Grußworte in 55 Sprachen, darunter auf Deutsch: „Herzliche Grüße an alle".

FUNKSIGNAL FÜR E.T.

Seit 1974 rast die Arecibo-Botschaft durch das All, ausgesendet vom Radioteleskop Arecibo. Ihr Ziel ist der Kugelhaufen M 13 im Herkules. Dort kommt sie in 25.000 Jahren an.

KAPITEL 2

SENSATIONEN IN DER MILCHSTRASSE

100 MILLIARDEN STERNE, VIEL GAS UND VIEL STAUB

Unsere Sonne ist Teil einer gigantischen kosmischen Stadt. Gemeinsam mit mehr als hundert Milliarden anderen Sternen, riesigen Gas- und Staubwolken, unzähligen Planeten, Kleinplaneten und Kometen bildet sie die Milchstraße. Fachleute sprechen von der Galaxis, griechisch für Milchstraße.

Die Sterne und der ganze Rest bilden eine flache Scheibe, ähnlich einem Diskus. Unsere Milchstraße hat etwa 100.000 Lichtjahre Durchmesser und ist rund 2000 Lichtjahre dick. Ein Lichtjahr ist die Strecke, die das Licht in einem Jahr zurücklegt: knapp zehn Billionen Kilometer. Die Milchstraße ist also 1.000.000.000.000.000.000 Kilometer groß. Weil solche Zahlen sehr unhandlich sind, nutzt man lieber das Lichtjahr als Einheit. Natürlich kann man sich solche Dimension trotzdem kaum vorstellen.

Schwarzes Loch im Zentrum

Im Kernbereich bilden die Sterne eine dicke Kugel, die aus der Ebene herausragt. Direkt in der Mitte sitzt ein Schwarzes Loch, das rund vier Millionen Mal so viel Masse hat wie unsere Sonne. Was zunächst bedrohlich klingen mag, braucht uns nicht zu sorgen. Schwarze Löcher sind keine Monster (siehe 28) – zudem ist unser Sicherheitsabstand von etwa 26.000 Lichtjahren mehr als ausreichend.

Die Milchstraße ist kein starres Objekt. Alles fließt und dreht sich! Sterne, Gaswolken & Co. sind immer unterwegs. Durch die Drehung bilden sich markante Spiralarme, die an einem Balken im Zentrum ansetzen. Unsere Sonne und das Planetensystem befinden sich recht weit draußen am Rand eines Spiralarms. Wir leben in den Vororten der galaktischen Stadt – und ziehen mit rund 800.000 Kilometern pro Stunde um das Zentrum der Milchstraße.

Für eine volle Runde brauchen wir etwa 220 Millionen Jahre – manchmal ist vom „Galaktischen Jahr" die Rede. Sonne und Erde haben schon 20 Runden auf der Milchstraße gedreht.

Könnte man die Milchstraße im Zeitraffer betrachten, so erschiene sie fast wie ein lebender Organismus. Ständig vergehen Sterne. Die meisten lassen nur ihre schillernden Reste zurück, andere explodieren als Supernova. Dafür sind die glühenden Gas- und Staubwolken prachtvolle Sternfabriken, in denen laufend neue Objekte aufleuchten – dabei bilden sich dann immer auch neue Planeten. Im Kosmos herrscht ein ständiges Kommen und Gehen.

Das Werden und Vergehen der Sterne

Im Kernbereich der Milchstraße befinden sich eher alte Sterne, die schon etliche Milliarden Jahre alt sind. Dort gibt es kaum noch Gas und Staub, den Rohstoff der Sterne. Dagegen wabern große Materiewolken durch die Spiralarme, hier finden sich vor allem junge, heiße Sterne. Die dunklen Wolken blockieren in der Ebene der Milchstraße die Sicht auf ferne Sterne, was beim Blick auf die Kante auffällt.

Der leuchtende Sternwirbel ist keineswegs alles bei der Milchstraße. Weiter draußen gibt es noch einige Kugelsternhaufen (siehe 52). Zudem sind wir offenbar in einen großen Halo aus Dunkler Materie eingebettet: Das ist Materie, die nicht leuchtet und in keinem Teleskop der Welt zu sehen ist. Aber sie verrät sich durch ihre Anziehungskraft auf leuchtende Objekte. Ohne die vermutete Dunkle Materie lassen sich das Aussehen und die Bewegung der Milchstraße kaum verstehen.

Unsere kosmische Heimat ist eine Sinfonie aus Sternen, Staub, Gas und Dunkler Materie – faszinierend!

MILCHSTRASSE VON DER KANTE Sterne, Gas und Staub bilden eine flache und etwas gebogene Scheibe, die die dickere Zentralregion umgibt, wie Messungen des Gaia-Satelliten zeigen.

23 DAS MAGISCHE BAND DER MILCHSTRASSE

In dunkler, klarer Nacht, ohne Mondschein und fernab der hell erleuchteten Großstädte zeigt sich ein matt schimmerndes Band am Himmel: die Milchstraße (hier mit dem quer liegenden Skorpion über der Baobaballee in Madagaskar, Aufnahme Amirreza Kamkar). Für viele Weltraumfans ist das Beobachten der Milchstraße ein ganz besonderes Erlebnis.

Unsere Heimatgalaxie ist eine große Scheibe aus Milliarden Sternen, zu der auch die Sonne gehört. Schauen wir genau in die Ebene dieser Scheibe, so sehen wir zahllose Sterne, Gas- und Staubwolken, die zum Band der Milchstraße verschwimmen. Geht der Blick senkrecht nach oben oder unten aus der Scheibe heraus, so sind viel weniger Sterne zu sehen – das sind die übrigen Bereiche des Himmels. Dunkle Regionen der Milchstraße, die in unseren Breiten vor allem in der sommerlichen Milchstraße auffallen, entstehen durch die kalten Gas- und Staubwolken in der Ebene unserer Galaxis. Sie leuchten nicht, sondern verschlucken das Licht der Sterne dahinter. Zur Mitte hin wird die Milchstraße dicker, aber das helle Zentrum der Milchstraße mit dem Schwarzen Loch ist mit bloßem Auge nicht zu erkennen.

Seit die Menschen an den Himmel blicken, haben sie sich über den matten Schein gefreut. Nach einer antiken Sage hatte Zeus seinen unehelichen Sohn Herakles heimlich an die Brust seiner schlafenden Gemahlin gelegt. Doch Hera erwachte und stieß den Jungen empört von sich. Dabei schoss ein Strahl Milch über den Himmel, was noch heute zu sehen ist. Für einige afrikanische Völker ist die Milchstraße das Rückgrat der Nacht – eine bezaubernde Vorstellung!

GALAXIE GIBT KANTE
Bei NGC 4565 im Haar der Berenike (Aufnahme VLT) sind die Staubschwaden in der Hauptebene und die zentrale Verdickung bestens zu sehen.

GALILEI HAT'S ENTDECKT

Galileo Galilei richtete 1610 erstmals ein Teleskop an den Himmel. Dabei bemerkte er, dass das schimmernde Band der Milchstraße aus zahllosen schwachen Sternen besteht.

24 DAS KARUSSELL NAMENS ERDE

Unsere Erde dreht sich in 23 Stunden und 56 Minuten um ihre Achse. In dieser Zeit ziehen die Sterne einmal um die Himmelskugel herum. Im Zentrum dieser Bewegung stehen die Himmelspole. Das sind die Punkte, auf die die Erdachse am Firmament zeigt. Sie stehen senkrecht über dem Nord- und Südpol der Erde. Die Himmelspole stehen still, während alle anderen Objekte unterwegs sind.

Diese Aufnahme am Kitt-Peak-Observatorium in Arizona wurde rund drei Stunden lang belichtet. Durch die Erddrehung sind die Sterne zu langen Bögen gedehnt – je größer der Abstand vom Pol ist, desto länger sind die Bögen. Der helle, sehr kleine Bogen fast in der Mitte ist die Spur unseres Polarsterns. So ein Bild zeigt auf ganz wunderbare Weise, dass die Erde ein Karussell ist. Den Schwung hat die Erde bei ihrer Entstehung vor mehr als vier Milliarden Jahren mitbekommen. Zwar nimmt das Tempo ab – aber nur ganz, ganz langsam. Die Erde wird nicht plötzlich stillstehen!

DIE ERDE EIERT!

Unsere Erde bewegt sich wie ein Kinderkreisel kurz vor dem Umfallen. Allerdings dauert eine Runde 26.000 Jahre. In der Antike war der Polarstern noch weit vom Himmelspol entfernt.

25 AUCH FIXSTERNE BEWEGEN SICH

Der Große Wagen ist Teil des viel größeren Sternbilds Großer Bär. Fast alle Menschen kennen das markante Muster aus den vier Kastensternen und den drei Lichtern der gebogenen Wagendeichsel (Aufnahme Eckhard Slawik). Diese Figur ist uns auch deshalb so vertraut, weil sie nachts immer am Himmel zu sehen ist. Denn der Große Wagen steht dem Polarstern so nahe, dass er bei seiner täglichen Runde (siehe linke Seite) niemals unter den Horizont gerät. Mal steht er höher, mal tiefer – aber er geht niemals unter.

Wie alle Himmelsfiguren wird aber auch er sich mit der Zeit buchstäblich auflösen. Die Sterne am Firmament gehören zur Milchstraße und bewegen sich um deren Zentrum herum. Dabei folgen sie etwas unterschiedlichen Bahnen und sind unterschiedlich schnell. Fachleute sprechen von der Eigenbewegung. Die Sterne der Nacht sind zufälligerweise gerade in unserer Nähe. Während die einen davon driften, kommen die anderen heran. Der Sternenhimmel erfindet sich immer wieder neu.

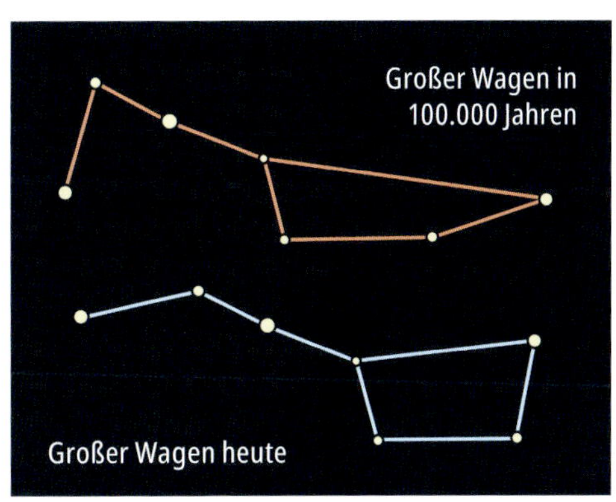

VERBEULTER WAGEN
Der Große Wagen ist eine der bekanntesten Himmelsfiguren. Durch die Bewegung seiner Sterne verformt er sich mit der Zeit. In 100.000 Jahren sieht er schon ziemlich ramponiert aus.

26 DIE GRÖSSTE KARTE DES HIMMELS

Der ESA-Satellit Gaia hat 1,8 Milliarden Sterne beobachtet und deren Positionen, Bewegungen, Entfernungen und Farben bestimmt. Ziel der Mission war die Vermessung des Himmels. Dieses Bild ist kein Foto, sondern eine gigantische Karte, auf der die Gaia-Sterne eingetragen sind.

Die Darstellung erfolgt in galaktischen Koordinaten. Quer verläuft die Ebene unserer Milchstraße – das galaktische Zentrum ist genau in der Mitte. Dort sind die meisten Sterne zu sehen. In Bereichen mit relativ wenigen Sternen blockieren Gas- und Staubmassen das Licht der Sterne im Hintergrund. Die beiden hellen Flecken rechts unten sind die Magellanschen Wolken (siehe 54/56).

In der griechischen Mythologie ist Gaia die Urmutter Erde. Sie ist als eine der ersten aus dem Chaos entstanden. Jetzt brachte der Satellit Gaia Ordnung ins Chaos am Himmel. Wie sich zeigt, hat unsere Milchstraße im Laufe der Jahrmilliarden viele andere Galaxien geschluckt. Dieser kosmische Kannibalismus verrät sich noch heute: Es gibt viele auffällige Sternströme. Das sind Gruppen von Sternen, die sich im Verbund bewegen und manchmal geradezu als galaktische Geisterfahrer unterwegs sind. Sie müssen in anderen Galaxien entstanden sein.
Erst wenn der Aufbau und die Entwicklung unserer Milchstraße klar sind, lassen sich auch andere Galaxien im Kosmos verstehen.

Die Gaia-Daten sind genauso bedeutend wie die Beobachtungen des James-Webb-Teleskops! Gaia und Webb waren übrigens „Nachbarn" im Lagrange-Punkt 2, anderthalb Millionen Kilometer von der Erde entfernt.

WELTRAUMVERMESSER Der ESA-Satellit Gaia sieht aus wie ein Zylinder – die Krempe aus Solarzellen hat zehn Meter Durchmesser. Gaias Daten vom Himmel werden für Jahrzehnte das Maß aller Dinge sein.

GAIAS FRIEDHOFSBAHN

Nach Ende der Mission wurde Gaia auf eine neue Bahn geschickt, damit er an seiner ursprünglichen Position keinen Schaden anrichten kann. Jetzt zieht Gaia „ewig" um die Sonne.

SATELLITEN-TELESKOPE

Unsere Erdatmosphäre blockiert viel Strahlung aus dem Kosmos. Für Beobachtungen im Infrarot-, Ultraviolett-, Röntgen- und Gammabereich sind daher Teleskope im Weltraum notwendig.

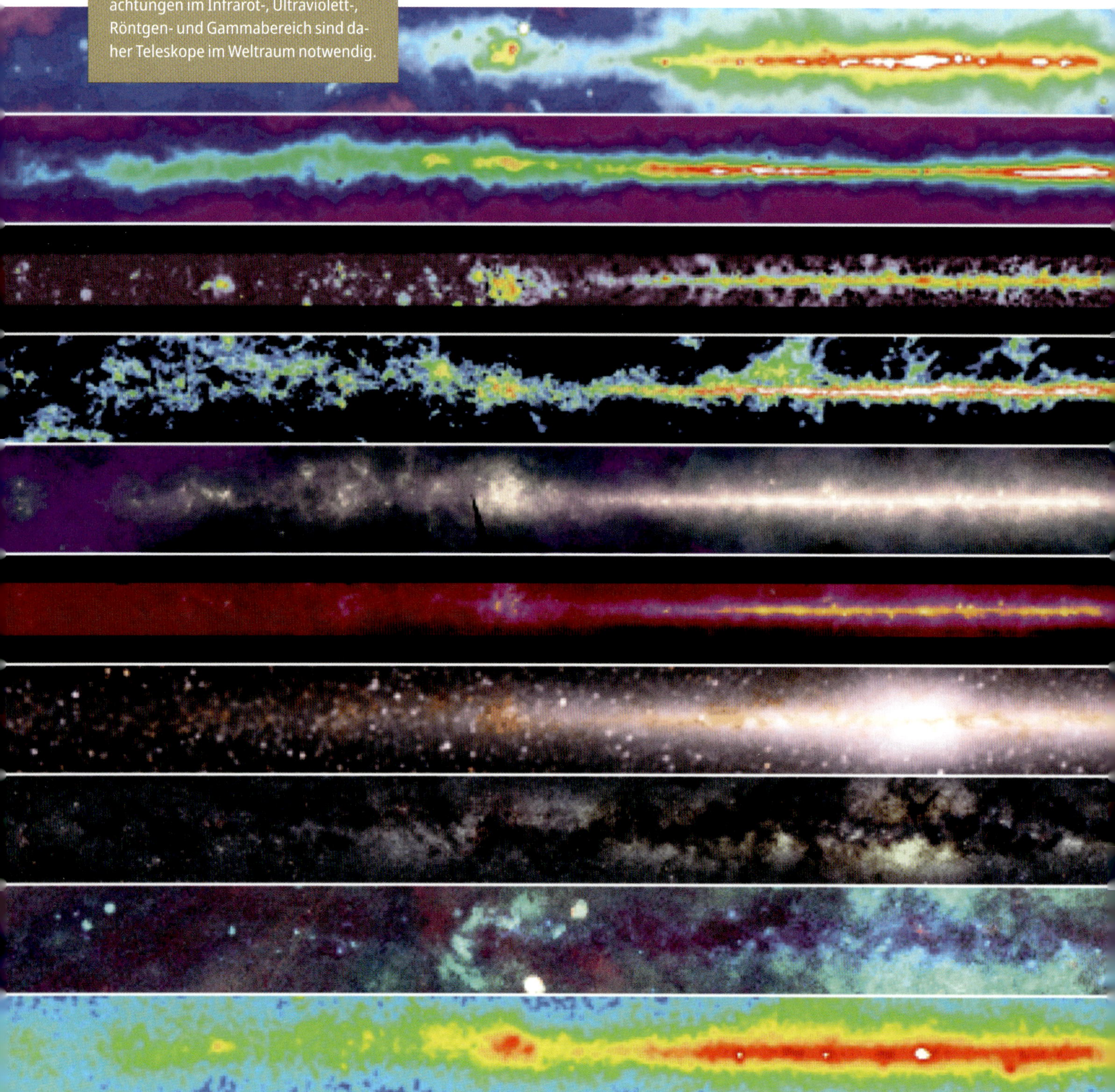

27 DIE VIELEN GESICHTER DER MILCHSTRASSE

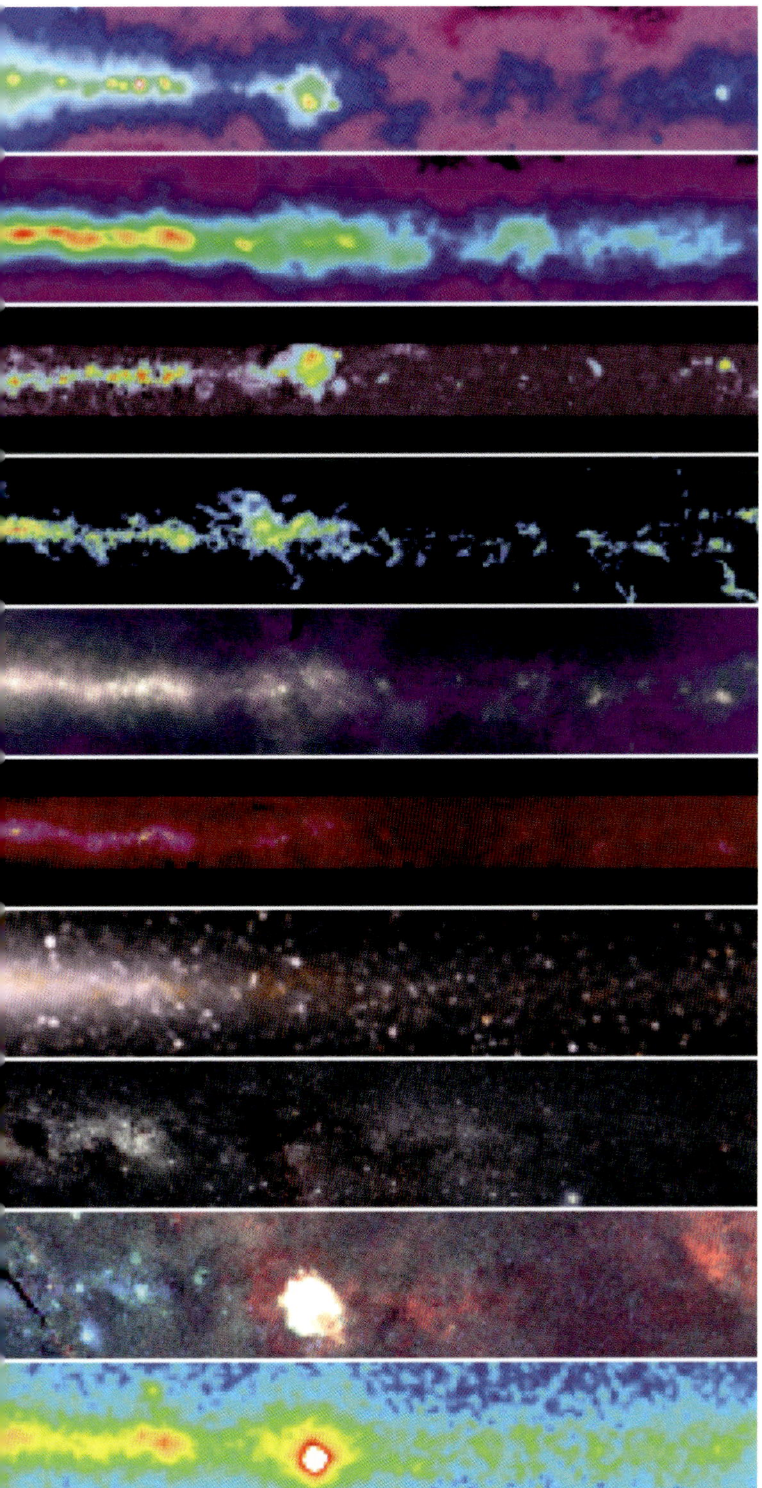

Die leuchtenden Sterne sind keineswegs alles im Weltall. Es gibt riesige Mengen an Gas, Staub und geladenen Teilchen. Diese Materie ist im sichtbaren Licht, das unsere Augen wahrnehmen, meist nicht zu erkennen. Dafür gibt sie Radiostrahlung ab oder glüht im energiereichen Röntgen- und Gammalicht.

Hier ist die Ebene unserer Milchstraße abgebildet, achtmal beobachtet bei verschiedenen Wellenlängen – gleichsam durch acht verschiedene Brillen betrachtet. Im sichtbaren Licht (drittes Bild von unten) fallen vor allem die vertrauten Gas- und Staubwolken auf, die das Licht der Sterne dahinter blockieren.

Von oben nach unten nimmt die Energie der Strahlung zu. Das Bild ganz oben zeigt die Radiowellen fast lichtschneller Elektronen. Darunter kommt das Glimmen des kalten Wasserstoffs im All. Im dritten Bild ist das Leuchten heißen, geladenen Gases zu sehen. Im vierten Bild zeigen sich große Molekülwolken. Die Bilder 5 bis 7 sind unterschiedliche Infrarotaufnahmen des Staubes im All. Die beiden untersten Bilder zeigen die ganz heiße Milchstraße: Strahlung im Röntgen- und Gammabereich, oft aus Überresten von Supernova-Explosionen.

Für diese Bilder wurden Daten verschiedener Teleskope kombiniert. Bei den oberen drei kam auch das 100-Meter-Teleskop von Effelsberg in der Eifel (siehe Seite 19) zum Einsatz.

Erst bei Aufnahmen verschiedener Wellenlängen erschließt sich, wie es vor Ort zugeht – wie heiß oder kalt es dort ist, welche chemischen Stoffe vorkommen und welche Objekte dort leuchten. Je mehr Teleskope gucken, desto mehr sieht man!

28 DAS SCHWARZE LOCH DER MILCHSTRASSE

Im Zentrum unserer Galaxie befindet sich Sagittarius A* – ein Schwarzes Loch, das 4,3 Millionen Mal mehr Masse hat als unsere Sonne. Es ist von uns gut 26.000 Lichtjahre entfernt im Sternbild Schütze. Um das Schwarze Loch zu beobachten, schalten Fachleute Radioteleskope u.a. in Hawaii, Mexiko, Chile, Spanien und am Südpol zusammen. Diese „Superlupe" sieht so scharf, als wäre sie ein einziges Teleskop mit rund 10.000 Kilometern Durchmesser.

Im sichtbaren Licht ist das Zentrum der Milchstraße hinter Staub und Gas verborgen. Im Radiobereich aber lassen sich das Schwarze Loch und seine Umgebung ausmachen. Rund um seinen „Schatten" glüht das Material – denn bevor es hineinstürzt, heizt es sich kräftig auf. Die orangerote Farbe haben die Fachleute willkürlich ausgewählt. Niemand weiß, wie die heiße Materie vor Ort wirklich aussieht.

Schwarze Löcher gibt es in vielen Größen. Dieses hat einen Durchmesser von etwa 25 Millionen Kilometern. An der Stelle der Sonne würde es fast bis zur Bahn von Merkur reichen!

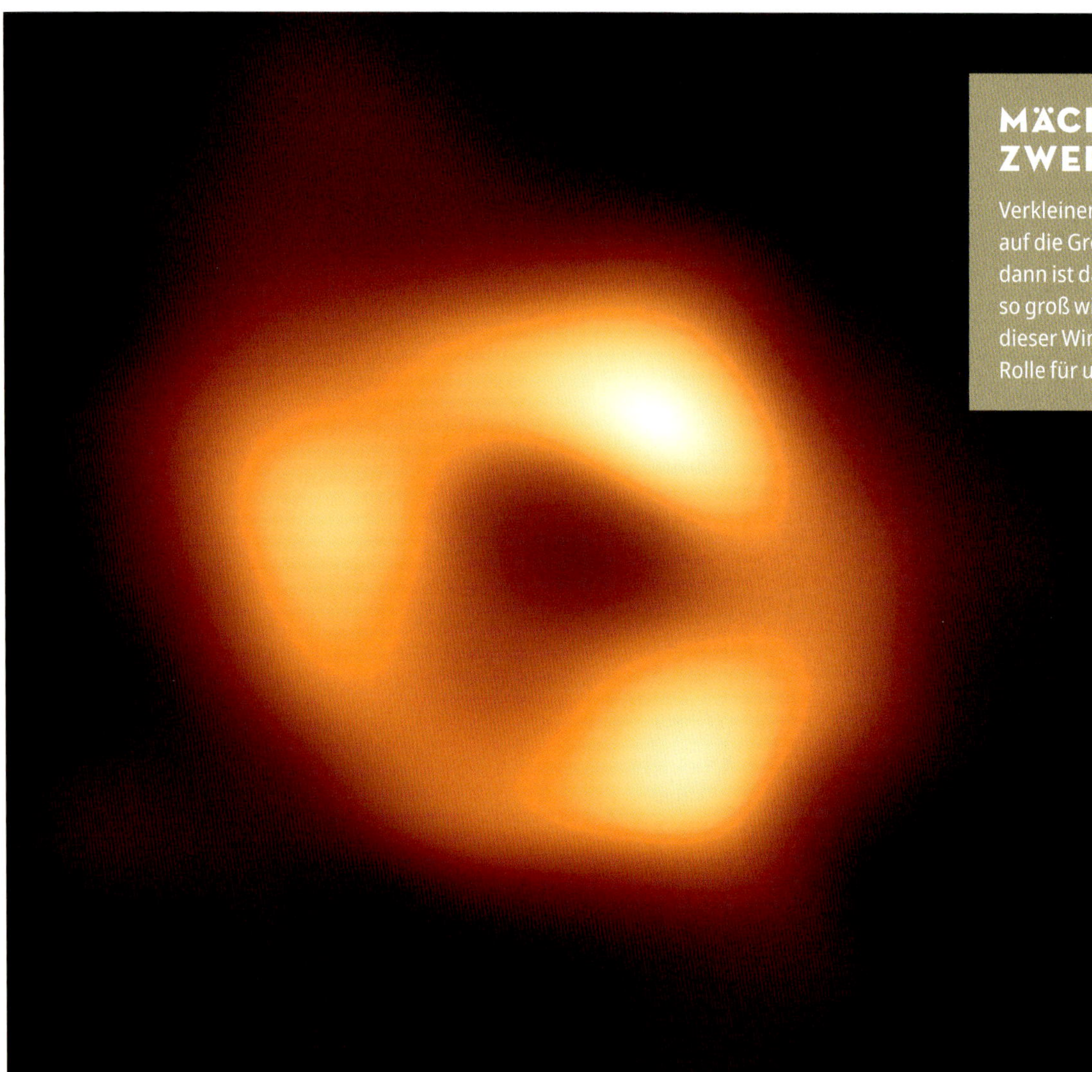

MÄCHTIGE ZWERGE

Verkleinert man die Milchstraße auf die Größe Deutschlands, dann ist das Schwarze Loch kaum so groß wie ein Sandkorn. Aber dieser Winzling spielt eine große Rolle für unsere Galaxie!

29 DIE MILCHSTRASSE SCHLÄGT BLASEN

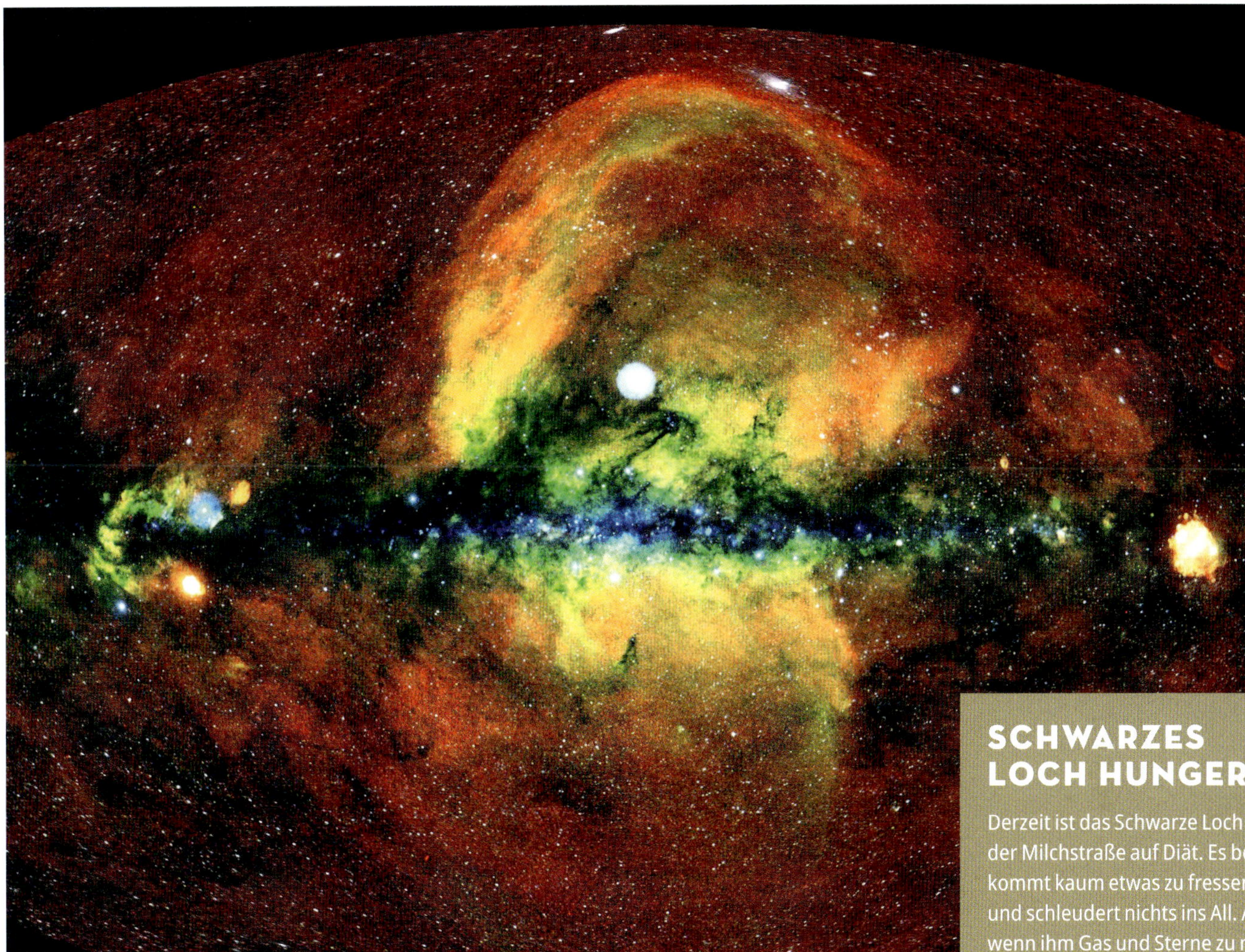

SCHWARZES LOCH HUNGERT

Derzeit ist das Schwarze Loch der Milchstraße auf Diät. Es bekommt kaum etwas zu fressen und schleudert nichts ins All. Aber wenn ihm Gas und Sterne zu nah kommen, geht es wieder los.

Aus der Ebene der Milchstraße schießen gewaltige Blasen heißen Gases gut 25.000 Lichtjahre nach oben und unten – nur sichtbar im Bereich der Röntgen- und Gammastrahlung. Vermutlich hat das Schwarze Loch im Zentrum unserer Milchstraße (siehe links) vor einigen Millionen Jahren viele Sterne verschlungen. Dabei entstand intensive Strahlung, die gewaltige Hohlräume ins Gas gepustet hat.

Die Entdeckung gelang 2010 mit dem NASA-Satelliten Fermi. Das eROSITA-Teleskop des Max-Planck-Instituts für Extraterrestrische Physik in Garching zeigt die gelb-rötlichen „Fermi-Blasen" besonders gut. Von anderen Galaxien (etwa M 82, siehe 69) sind ähnliche Gasblasen schon länger bekannt.

Bei unserer Milchstraße hatte man kaum damit gerechnet, weil ihr Schwarzes Loch vergleichsweise klein ist. Doch offenbar zeigt es hin und wieder, was es kann. Das Verschlingen und „Aufstoßen" hat vermutlich maximal 100.000 Jahre gedauert, astronomisch gesehen gerade mal ein Wimpernschlag. Doch die Folgen des kosmischen Fressens sind bis heute zu sehen.

30 DAS RIESENBILD DER MEGAKAMERA

Ein Tohuwabohu aus Gas, Staub und Sternen im Sternbild Schütze – in Richtung des Milchstraßenzentrums fährt der Himmel auf, was er zu bieten hat. Der pinkfarbene Lagunennebel unten im Bild ist eine der schönsten Sternfabriken der Milchstraße. In diesem 100 Lichtjahre breiten Komplex stürzen Gas- und Staubmassen zusammen und zünden massenhaft Sterne. Die jungen Objekte strahlen blau-weiß und regen mit ihrer heißen Strahlung das Wasserstoffgas zum rötlichen Leuchten an.

Eine etwas kleinere Sternfabrik ist der Trifidnebel rechts oben. Auch dort leuchtet der angeregte Wasserstoff rötlich-pink. Zudem reflektieren Staubpartikel das blau-weiße Licht der Sterne, die erst wenige Millionen Jahre alt sind – und damit noch „feucht hinter den Ohren".

Dieses Bild ist eines der ersten vom neuen Rubin-Observatorium in Chile, benannt nach der Astronomin Vera Rubin. Das Teleskop mit 8,4 Metern Spiegeldurchmesser verfügt über die größte Digitalkamera der Welt (3200 Megapixel). Für dieses Mosaik wurden 678 Aufnahmen kombiniert – in Originalauflösung beträgt die Dateigröße 24 GB (nicht MB!).

Der Lagunen- und der Trifidnebel sind etwa 4000 bzw. 5000 Lichtjahre entfernt. Der Abstand zum Zentrum der Galaxis mit dem Schwarzen Loch ist etwa fünfmal größer. Kalte Materiewolken, die den Rohstoff für weitere Sterne enthalten, zeichnen sich dunkel vor dem hellen Hintergrund ab. Ohne sie und die glühenden Sternfabriken sähe das gesamte Bild so aus wie im linken Bereich: ein einziges Gewimmel der Sterne in der Milchstraßenebene.

ASTRONOMIE-REVOLUTION

Das Rubin-Observatorium beobachtet nicht gezielt einzelne Objekte. Es scannt zehn Jahre lang den Himmel ab und findet „alles", was sich bewegt oder die Helligkeit verändert.

RITT DURCH DEN ORION

Der Pferdekopfnebel befindet sich direkt unterhalb des linken Sterns im Oriongürtel. Er gehört wie der berühmte Orionnebel M 42 zum riesigen Gas- und Staubkomplex in diesem Sternbild.

31 DAS GRÖSSTE PFERD IM UNIVERSUM

Nicht nur leuchtende Wolken im All sind wunderschön. Manchmal bezaubern gerade „Dunkelwolken", die aus kaltem Gas und Staub bestehen und sich vor hellerem Hintergrund abzeichnen. Besonders schön ist der „Pferdekopfnebel" – 1375 Lichtjahre entfernt und etwa vier Lichtjahre groß lugt er aus einem Dickicht von Gas und Staub hervor.

Für diese Aufnahme nutzte der ESA-Satellit Euclid sichtbares Licht und Strahlung im Infrarot- oder Wärmebereich. Solche Strahlung ist langwelliger und durchdringt manche Staubwolke. In den dunklen Schwaden sind einige dunkelrote Punkte zu erkennen – das Licht junger Sterne, die sich allmählich durch den Staub kämpfen.

Links unten pustet ein Stern, der gerade geboren wurde, das Gas seiner Umgebung weg und regt es dabei intensiv zum Leuchten an.

Könnten wir im Zeitraffer die nächsten Millionen Jahre verfolgen, so sähen wir, wie Sterne zünden und mit ihrer energiereichen Strahlung die Gasmassen regelrecht durchmischen. Der Pferdekopf dürfte sich innerhalb von einer Million Jahren auflösen. Irgendwann ist das ganze Gas zu Sternen geworden oder es hat sich im All verteilt. Astronomisch gesehen galoppiert das Pferd in der Milchstraße schnell davon.

Die Astronomin Williamina Fleming (1857–1911) entdeckte 1888 den Pferdekopfnebel. Sie gehörte zur großen Gruppe von Frauen am Harvard-Observatorium, die zur Auswertung von Fotoplatten und zum Durchführen astronomischer Berechnungen angestellt waren. Ihre Entdeckungen schrieb man jedoch stets ihrem Chef zu – erst viel später wurden ihre Leistungen anerkannt.

MÄHNE MIT GALAXIEN
Mit seinem Infrarotblick zeigt James Webb Details in der Mähne des Pferdekopfs. Direkt darüber sieht es viele Galaxien, die Milliarden Lichtjahre entfernt sind.

32 DER DUNKLE BEGINN DER STERNE

In diesen schwarzen Wolken verklumpen Gas und Staub und bilden neue Sterne. Solche Objekte – oft Bok-Globulen genannt (siehe Kasten) – sind stets der erste Schritt bei der Entstehung von Sternen und Planeten. Die kompakten Wolken müssen sich beeilen, denn sie befinden sich in der Nähe einer Gruppe junger und sehr heißer Sterne (außerhalb des Blickfelds). Die regen mit ihrer intensiven Strahlung zum einen das Wasserstoffgas zum rötlichen Leuchten an. Erst damit sind die schwarzen Globulen überhaupt zu sehen. Zum anderen setzen die heißen Sterne mit ihrer Strahlung den Wolken zu, die sich in einer Art Sandstrahlgebläse befinden. Es spielt sich ein himmlischer Wettlauf ab. Vereinfacht gesagt: Schlüpft erst das Küken? Oder löst sich vorher das Ei auf? Oben überdecken sich zwei Wolken etwas. Beide sind rund 1,5 Lichtjahre groß – das ist etwa ein Drittel des Weges von der Sonne zu unserem nächsten Nachbarstern im All. In diesen größeren Wolken könnten tatsächlich Sterne zünden. Dagegen werden es die kleinsten Wolkenfetzen nicht mehr schaffen – sie lösen sich zu schnell auf. Auch Sonne, Erde & Co. waren vor knapp fünf Milliarden Jahren eine Wolke aus kaltem Wasserstoff und anderem Material. Zu unserem Glück wurde daraus das Sonnensystem – mit einem Planeten, der Leben beherbergt.

Diese Aufnahme des Nebels IC 2944, rund 5900 Lichtjahre entfernt im Sternbild Zentaur, gelang mit dem Very Large Telescope in Chile. Seine Bezeichnung hat nichts mit einem Intercity-Zug zu tun – IC steht in der Astronomie für Index Catalogue.

DAS SCHÖNSTE LOCH AM HIMMEL
Barnard 68 (Aufnahme VLT) wirkt, als hätte man dort die Sterne vergessen. Diese Dunkelwolke ist ein halbes Lichtjahr groß und nur 500 Lichtjahre entfernt.

MILCHSTRASSEN-TRAUMPAAR

Priscilla und Bart Bok gehörten zu den Pionieren der Milchstraßen-Forschung. Sie untersuchten die dunklen, kompakten Wolken: Bok-Globulen sind der Anfang der Sternentstehung.

33 DER SUPERSTAR DER STERNFABRIKEN

Der Himmelsjäger Orion hat unterhalb seines Gürtels ein Schwert. Mittendrin ist schon mit einem Fernglas ein kleines Wölkchen zu erkennen. Ein Teleskop wie Hubble offenbart die ganze Pracht: Der Orionnebel, Fachbezeichnung M 42, ist eine gigantische Sternfabrik. Der Komplex aus Gas, Staub und jungen Sternen ist gut 20 Lichtjahre groß und nur etwa 1350 Lichtjahre entfernt. Er gehört er zu den am meisten beobachteten Objekten im All. Nirgendwo sonst lässt sich so gut verfolgen, wie Sterne und Planeten entstehen.

In den letzten knapp drei Millionen Jahren sind dort schon mehr als 2000 Sterne aufgeleuchtet – und es werden noch tausende folgen. Die größten und heißesten regen mit ihrer energiereichen Strahlung die Gasmassen zum Leuchten an und pusten eine riesige Höhle in den Gaskomplex. Fast scheint es, als explodiere der Nebel. Bei hunderten der jungen Sterne haben Fachleute protoplanetare Scheiben (siehe 49) entdeckt – das sind die Vorstufen eines Planetensystems. Auch Erde, Mars & Co. waren einst Teil einer solchen Materiescheibe, die die junge Sonne umgab. Das Material verklumpte schließlich – und es bildeten sich die Planeten. Auf einem entstand dann Leben! Geschieht das auch im Orion? Gibt es dort irgendwann eine zweite Erde?

Wenn so ein Nebel erst einmal mit der Sternproduktion anfängt, geht es ganz schnell. In weiteren zwei bis drei Millionen Jahren dürfte aus diesem Nebel ein junger Sternhaufen geworden sein. Der wird auch sehr schön leuchten, aber bei weitem nicht so eindrucksvoll wie der Paradanebel am Winterhimmel.

PLANETENFABRIK
Was aussieht wie ein Hotdog, ist ein gerade gezündeter Stern, den eine dichte Staubscheibe umgibt, auf deren Kante wir blicken. Dort bilden sich Planeten.

SCHÖN, ABER SEHR KLEIN

Für uns ist der Orionnebel ein Superstar. Kosmisch gesehen ist er aber ein ziemlich kleines Sternentstehungsgebiet. So ist der Nebel NGC 604 mehr als 50-mal größer (siehe 58).

WEBBS STERNSTRAHLEN

Sterne im All erscheinen als Punkte. Das markante Muster mit acht Linien entsteht durch Beugung an den Bauteilen des Teleskops. Es ist der optische Fingerabdruck von Webb.

34 WEBBS KOSMISCHE KLIPPEN

Gas, Staub und die Strahlung vieler Sterne bilden diese schillernde Landschaft im Carinanebel, 7600 Lichtjahre entfernt im Sternbild Schiffskiel. Auf den ersten Blick könnte es fast ein Bergmassiv vor freiem Himmel sein. Das Team des James-Webb-Weltraumteleskops spricht daher manchmal von den „kosmischen Klippen". Vor Ort ist diese Gipfelkette gut zwölf Lichtjahre breit.

Die „Felsen" bestehen aus Gas und Staub. In den dichtesten Regionen ziehen sich Gas und Staub zusammen – dort entstehen viele neue Sterne. Zugleich ist die „Erosion" extrem stark. Denn junge heiße Sterne, die oberhalb dieses Bildausschnitts liegen und schon vor wenigen Millionen Jahren entstanden sind, sorgen mit ihrer Strahlung für extremen Wind auf den Bergen. In diesem Sturm verdampfen die Gasmassen regelrecht. In spätestens fünf Millionen Jahren dürfte diese herrliche Landschaft verschwunden sein – zurück bleiben viele Sterne.

Der Carinanebel ist eine gigantische Sternentstehungsregion rund um den extrem massereichen Stern Eta Carinae (kleines Bild) und erstreckt sich insgesamt über 400 Lichtjahre. Webb hat nur einen kleinen Teil davon aufgenommen. Das Team ist von diesem Motiv so angetan, dass es zu den ersten fünf Webb-Bildern gehörte, die 2022 veröffentlicht wurden.

Das bunte Durcheinander dokumentiert die Erfüllung eines Traums: Es zeigt, dass James Webb – immerhin neun Milliarden US-Dollar teuer – perfekt funktioniert. Seitdem verzückt Webb die Himmelsfans mit zahllosen spektakulären Blicken ins All – und wird das mit etwas Glück weitere 15 Jahre tun!

BALD EINE SUPERNOVA
Eta Carinae ist ein Doppelstern, dessen Komponenten 90 bzw. 30 Sonnenmassen haben. Er pumpt viel Material ins All und steht kurz vor der Explosion (Hubble-Bild).

KOSMISCHE IKONE

Fast alle Menschen kennen diese Staubsäulen. Es ist ein Bild, das man beim Stichwort Hubble sofort vor Augen hat. Offenbar berührt uns die Geschichte von Staub und Sternen.

35 DIE SÄULEN DER SCHÖPFUNG

Im Adlernebel im Sternbild Schlange ragen drei Staubsäulen empor, als wären es knochige Finger. Die NASA-Presseabteilung schwärmt von den „Säulen der Schöpfung", weil dort Gas und Staub neue Sterne bilden. Sehr viele kommen allerdings nicht mehr hinzu. Denn mitten in dem riesigen Nebel, von dem Hubble nur einen kleinen Ausschnitt aufgenommen hat, sind schon junge, heiße Sterne aufgeleuchtet. Sie stehen ein Stück rechts oberhalb der Säulen außerhalb des Bildes.

Mit ihrer intensiven Ultraviolettstrahlung randalieren sie geradezu. Dadurch sind die drei Säulen entstanden. An ihren Spitzen befindet sich jeweils ein recht kompaktes Gebilde aus Gas und Staub (ähnlich den Globulen, siehe 32). Sie halten dem himmlischen Strahlungssturm noch stand und schützen den Bereich hinter sich, während die Nachbargebiete bereits leergefegt sind. Auch hier gilt: Wenn Sterne erst einmal anfangen, sich zu bilden, dann geht es – kosmisch gesehen – rasend schnell. Nach wenigen Millionen Jahren haben sich aus dem Material Sterne gebildet, die wiederum mit ihrer Strahlung die Reste wegpusten und so die Produktion abwürgen. Zurück bleiben Sterne, die zum Teil mehr als zehn Milliarden Jahre lang leuchten.

Die Säulen der Rest-Schöpfung sind bis zu fünf Lichtjahre hoch und etwa 7000 Lichtjahre entfernt. Die kreuzförmigen Strahlen, die von den hellen Sternen ausgehen, sind das Beugungsmuster von Hubble (Webb hat acht Strahlen, siehe vorherige Seite). Sie entstehen erst in der Optik des Teleskops und haben nichts mit den Sternen zu tun.

WEBB ENTSCHLEIERT DIE SÄULEN
Der Infrarotblick von James Webb geht tief in die Staubmassen hinein. Am roten Fleck an der Spitze der mittleren Säule zünden gerade neue Sterne.

36 LICHTSCHWERTER IM ALL

Zündet in einer Gas- und Staubscheibe ein Stern, dann steckt er anfangs noch mitten in den Resten der Wolke, aus der er sich gebildet hat. Auch für Hubble bleibt dieser Stern hinter dicken Staubschwaden verborgen. Aber es ist gut zu sehen, dass der blutjunge Stern geradezu um sich schießt. Materie rast in entgegengesetzten Richtungen hinaus in den Kosmos – mit mehreren hundert Kilometern pro Sekunde! Sie bewegt sich entlang eng begrenzter Ströme, Fachleute sprechen von Jets.

Jets entstehen, wenn ein Stern immer mehr Materie aus der ihn umgebenden Gas- und Staubscheibe aufsammelt. Nicht alles stürzt in den jungen Stern. Ein großer Teil wird senkrecht nach oben und unten weggeschleudert. Weil der Abfluss nicht gleichmäßig erfolgt, zeigen sich in den Jets Knoten. Die abströmende Materie trifft auf Gasmassen in der Umgebung des Sterns und regt diese zum Leuchten an. Es bilden sich regelrechte Bugwellen. Rechts unten ist die Schockwelle eines anderen Objekts zu sehen. Im Laufe der Zeit fegen die Jets, die sich über einige Lichtjahre erstrecken, große Bereiche frei. Links oben zeigt sich der „frei geschossene" Kanal eines anderen Sterns.

Dieses Bild von HH 24 (1500 Lichtjahre entfernt im Orion) hat die Hubble-PR-Abteilung einst wenige Tage vor der Premiere der Star-Wars-Episode „Das Erwachen der Macht" veröffentlicht – unter dem Titel „Die erwachte Macht eines Sterns". Für die NASA sind das, ganz im Star-Wars-Fieber, Lichtschwerter. Mit einer Länge von mehreren Lichtjahren hauen die selbst Darth Vader locker weg.

WEBBS ÖLLÄMPCHEN
Bei HH 30 (475 Lichtjahre entfernt im Stier) blickt man genau auf die Kante der Gas- und Staubscheibe. Die Materieströme bilden die „Flammen" nach oben und unten.

SCHNELL WIEDER VORBEI

Die „Lichtschwert-Periode" eines jungen Sterns dauert nur rund 10.000 Jahre. Dann ist er aus der Rüpelphase heraus und lebt Milliarden Jahre ein friedliches Sternleben.

37 STELLARE HEXENKÜCHE

In der Orion-Molekül-Wolke 2 (1280 Lichtjahre entfernt – Ausschnitt 150 Lichtjahre breit) leuchten Gas, Staub und junge Sterne um die Wette. Im sichtbaren Licht bekommt man von diesem Geschehen nicht viel mit – denn das meiste spielt sich hinter einem dichten Staubvorhang ab. „Normale" Teleskope, die Licht nutzen, das wir mit unseren Augen wahrnehmen, kommen da nicht weiter. Sie sehen buchstäblich schwarz.

Das James-Webb-Weltraumteleskop aber nutzt Infrarotstrahlung. Sie ist viel langwelliger als sichtbares Licht. Während das an den Staubpartikeln hängen bleibt, kurvt das Infrarotlicht um den Staub herum – und kommt so auch aus dem Inneren vieler Wolken nach draußen. Dutzende von Protosternen verteilen sich in dieser Region. Ihre Materiejets (siehe 36) pflügen kreuz und quer durch das Gas und hinterlassen rötlich glühende Bugwellen. Einige junge Sterne bleiben noch hinter extrem dickem Staub verborgen – aber ihre Jets verraten sie. Übrigens hat kosmischer Staub nichts mit den Flusen auf dem Bücherregal zu tun – er ähnelt eher den winzigen Partikeln in Zigarettenrauch.

In Orange und Braunrot sind die Staubmassen dargestellt, die durch das Licht junger Sterne etwas aufgeheizt werden. Bläulich-weiß zeigt sich das Sternlicht, das Staubpartikel reflektieren. Gelb- und Grüntöne markieren Bereiche, in denen polyzyklische aromatische Kohlenwasserstoffe Strahlung abgeben. Diesen komplizierten Namen muss sich niemand merken. Wichtig ist nur: Diese Moleküle stehen am Anfang vieler chemischer Prozesse im All. In einigen der Staubscheiben, die in dieser bunten Wolke junge Sterne umgeben, bilden sich bestimmt auch Planeten – und vielleicht beherbergt der eine oder andere später sogar einmal Leben!

ORION-MOLEKÜL-WOLKE

Der Orionnebel ist nur ein kleiner Bereich eines gewaltigen Wolkenkomplexes. Dessen Großteil ist noch so vom Staub dominiert, dass er nur im Infrarotlicht zu sehen ist – wie gemacht für Webb!

PROTZEN WIRD BESTRAFT

Der massereiche Doppelstern Pismis 24-1 verpulvert nur so seine Energie. Schon in wenigen Millionen Jahren explodiert er als Supernova und reißt dann die letzten Gasmassen weg.

38 KOSMISCHER WANDERER ÜBER DEM NEBELMEER

Der Kosmos, als wäre er ein Bild von Caspar David Friedrich. Doch hier steht kein Wanderer über dem Nebelmeer – hier kämpft eine Staubsäule gegen zwei der heißesten Sterne in der Milchstraße. Dieses dramatische Geschehen hat James Webb 5500 Lichtjahre entfernt im Sternbild Skorpion beobachtet.

Hauptakteur ist der junge Doppelstern Pismis 24-1. Das ist der hellste Stern im Haufen heißer blauer Sterne über den Staubbergen. Der eine Beugungsstrahl dieses Sterns zeigt genau auf den „Wanderer". Die beiden Komponenten haben die 74- bzw. 66-fache Masse der Sonne. Ihre Oberfläche ist fast 50.000 Grad Celsius heiß (die Sonne hat nicht einmal 6000 Grad). Diese Sterne mischen mit ihrer aggressiven Strahlung die umgebenden Gasmassen kräftig auf und brennen ein Loch in den Rand der Wolke, aus der sie vor erst etwa einer Million Jahren entstanden sind.

Für den Wanderer – er ist rund ein Lichtjahr hoch – ist dieser Beschuss Fluch und Segen zugleich. Um ihn herum ist das meiste Material weggefegt. Aber er hält stand und die Gas- und Staubmassen in ihm werden zusammengequetscht. So kann er selber schneller Sterne bilden. Rechts neben ihm am Berghang ist eine kurios geformte Bok-Gobule (siehe 32) zu sehen, die wie eine Hand mit drohendem Zeigefinger aussieht: „Du schaffst uns nicht!" Auch dort bilden sich weitere Sterne.

Das weiße Gewölk um den Kopf das Wanderers herum sind – anders als im irdischen Gemälde – keine Nebelschwaden, sondern herumwabernde Wolken, die das Licht der heißen Sterne reflektieren. Wie gemalt!

STELLARE HÖHLENMALEREI

Im Katzenpfotennebel (4000 Lichtjahre entfernt im Skorpion, Webb) scheint ein Wanderer vor einer bunten Höhle zu stehen.

HAUFENWEISE WESTERLUND

Der schwedische Astronom Bengt Westerlund (1921–2008) erforschte die Milchstraße und die Magellanschen Wolken. Er ist weitgehend vergessen, aber seine Haufen strahlen noch immer.

39 DAS GLITZERN DER STERNE

Man nehme jede Menge Gas und Staub, einen Haufen junger Sterne und viel Ultraviolettstrahlung: Heraus kommt ein grandioses Getümmel im Sternbild Schiffskiel. Der Sternhaufen Westerlund 2 ist 20.000 Lichtjahre entfernt, enthält etwa 3000 Sterne, ist nur rund zehn Lichtjahre groß und kaum zwei Millionen Jahre alt. Dort werden Sterne im Akkord produziert.

Der glitzernde Haufen enthält einige der massereichsten Sterne in der Milchstraße. Sie sind mehr als 100-mal schwerer als die Sonne und leuchten mehr als 200.000-mal so stark wie sie. Diese Sterne heizen das umgebende Material kräftig auf. Unter diesem „Druck" beeilen sich die Gas- und Staubwolken, weitere Sterne zu bilden. In den dunkelsten Bereichen verklumpt gerade das Material und formt Sterne und Planeten. Mit seinem Infrarotblick zeigt das Webb-Teleskop diese Vorgänge in allen Details. In Westerlund 2 gibt es nicht nur Riesensterne, sondern auch etliche Braune Zwerge. Das sind Objekte, die weniger als etwa sieben Prozent der Sonnenmasse haben – zu wenig, um zum „richtigen" Stern zu werden. Braune Zwerge glimmen zwar etwas rötlich, zünden aber nicht den Kernfusions-Ofen im Innern. Manche Braune Zwerge in diesem Haufen haben nur rund zehnmal so viel Masse wie Jupiter.

Unten in der Mitte hat ein Stern eine fast perfekt kreisförmige Blase im Gas freigelegt. Mit der lachsfarbenen, länglichen Wolke im Vordergrund wirkt diese Struktur fast wie ein gequältes Lächeln. Die wenigen hellen bläulichen Sterne mit den Beugungsstrahlen befinden sich weit im Vordergrund und gehören nicht zum Glitzerhaufen.

JUNGER HAUFEN
Im „Schmuckkästchen" (VLT-Aufnahme) glitzern die Riesensterne. Dieser Haufen im Kreuz des Südens ist 6400 Lichtjahre entfernt und 16 Millionen Jahre alt.

40 DER GLANZ DER SIEBEN SCHWESTERN

Für das bloße Auge sind die Plejaden der schönste Sternhaufen am Firmament. Sie sehen fast aus wie eine Miniaturversion des Großen Wagens. Zu diesem Haufen – 440 Lichtjahre entfernt im Stier – gehören mehr als 1000 Sterne. Auf dem legendären Bild des Palomar Sky Survey ist nur der innere Bereich zu sehen.

Die Plejaden waren einst eine schillernde Gas- und Staubwolke ähnlich dem Orionnebel. Inzwischen sind sie ein etablierter Haufen und ziehen als Gruppe durch die Milchstraße. Dabei kreuzen sie gerade einige Staubschwaden, die das blaue Licht der Sterne reflektieren. Auch hier gilt: Die Strahlen und Kreise, die die hellen Sterne umgeben, sind Beugungsmuster, die durch die Optik im Teleskop entstehen und nichts mit den Sternen zu tun haben.

Die Plejaden faszinieren die Menschheit schon seit Zehntausenden von Jahren. Bereits auf den Höhlenzeichnungen von Lascaux sind sie dargestellt. In der griechischen Mythologie sind sie die sieben Töchter des Atlas und der Pleione. Weil ihnen der Jäger Orion nachstellte, versetzte Zeus die Schwestern als Siebengestirn an den Himmel. Der arabische Poet Imru' al-Qais schwärmte im 6. Jahrhundert: „Wenn die Plejaden erscheinen, ist es, als werde eine seidene Schärpe voller Edelsteine ausgebreitet."

Die Maori Neuseelands feiern ihr traditionelles Neujahrsfest am ersten Vollmond nach dem Wiedererscheinen der Plejaden – Matariki genannt – am Morgenhimmel. Diese astronomisch inspirierte Feier ist ein großes Fest mitten im neuseeländischen Winter. Die Plejaden sind global faszinierend!

DER ECHTE KLEINE WAGEN
Viele Menschen halten die Plejaden für den Kleinen Wagen. Doch das stimmt nicht: Der Kleine Wagen (Foto: Slawik) ist das Sternbild mit dem Polarstern.

STERNHAUFEN ZERFALLEN

Die Plejaden bleiben noch rund 200 Millionen Jahre als Sternhaufen erkennbar. Aufgrund der Anziehungskräfte in der Milchstraße entschwinden im Laufe der Zeit immer mehr Mitglieder.

Mai 2002

Oktober 2002

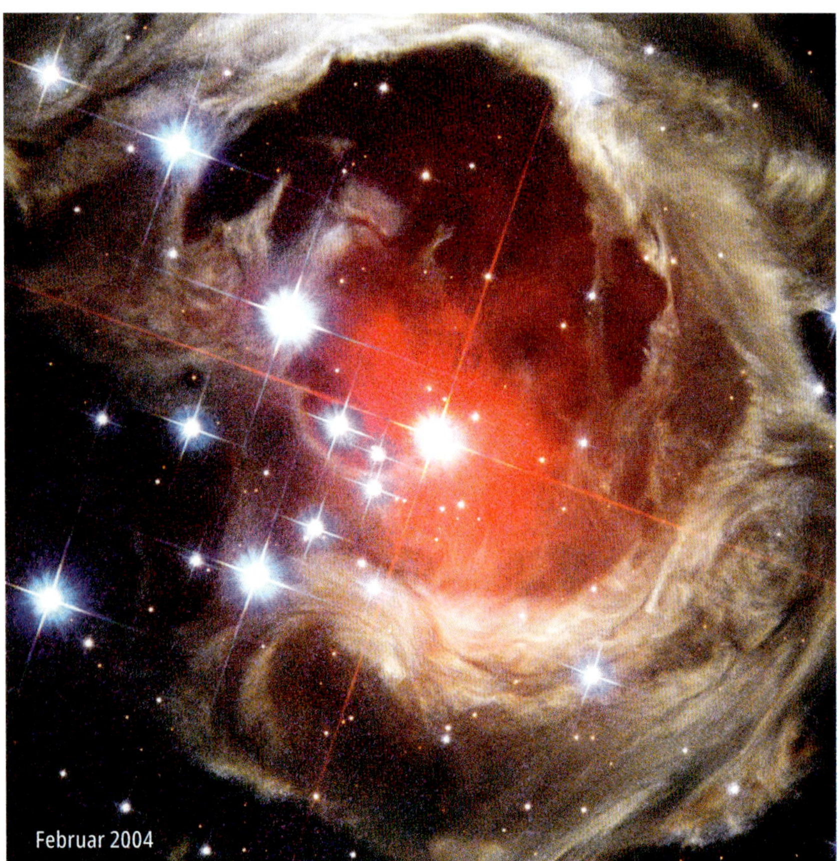

Februar 2004

Februar 2005

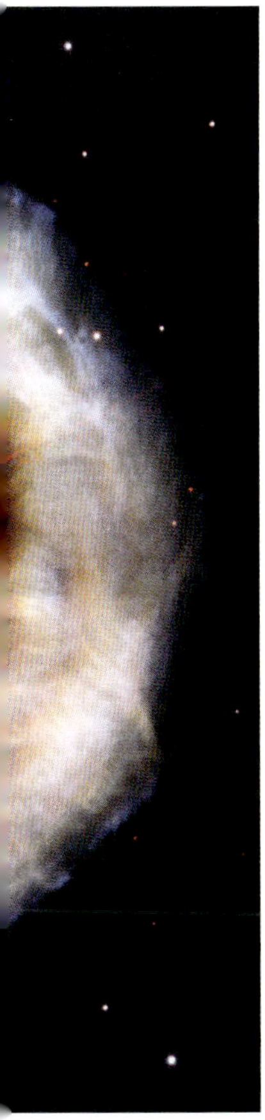

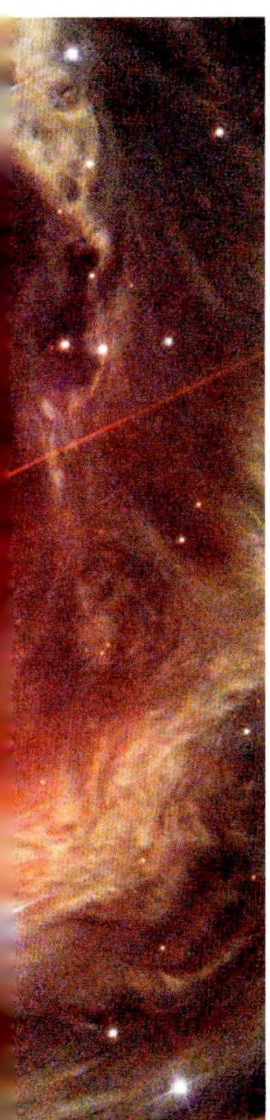

41 HALLO STERN! HALLO ECHO!

In den Weiten des Kosmos scheint oft die Zeit stillzustehen. Ob man ein Objekt heute oder in 500.000 Jahren beobachtet, ist meist egal – in dieser Zeitspanne verändert es sich ohnehin kaum. Doch der Riesenstern V838 im Sternbild Einhorn sorgte für eine tolle Überraschung. Er ist gut 20.000 Lichtjahre entfernt und hat rund 50-mal so viel Masse wie die Sonne.

Anfang 2002 erschien der Stern plötzlich viel heller als üblich. Zeitweise strahlte er 600.000-mal stärker als unsere Sonne und gehörte zu den leuchtkräftigsten Objekten der Milchstraße. Möglicherweise hatte der Stern einen Planeten oder gar einen stellaren Begleiter geschluckt. Ebenso schnell wie er heller geworden war, verblasste V838 wieder. Der Lichtblitz sorgte noch lange für ein interessantes Phänomen in der Umgebung des Sterns. Er beleuchtete die Gaswolken, die der Riesenstern Jahrtausende zuvor in den Weltraum abgestoßen hat. Allerdings erreichte uns das Licht der einzelnen Bereiche zu unterschiedlichen Zeiten, denn selbst Licht reist nur mit endlicher Geschwindigkeit durch das All.

Zuerst sahen wir das Material, das sich praktisch genau in Richtung Erde befand. Als letztes erreichte uns jenes Licht, das von Material hinter dem Stern reflektiert wird.

Das Hubble-Teleskop hat dieses Licht-Echo über Jahre beobachtet. Es scheint, als dehne sich das Objekt aus. Aber der Stern bleibt gleich – nur die angeleuchteten Bereiche der Umgebung werden immer größer. Inzwischen ist der Lichtblitz verblasst und die Wolken um V838 liegen wieder im Dunkeln.

LEIDER ZU WEIT WEG
Dieser Stern ist bei seinem Ausbruch zwar fast 10.000-mal heller geworden. Wegen der großen Entfernung hat aber auch das nicht gereicht, um mit bloßem Auge sichtbar zu sein. Schade!

42 DAS GRÖSSTE GEHIRN IM ALL

Eine blaue Hülle aus Wasserstoff und im Innern ein Gemisch aus Sauerstoff, Kohlenstoff, Staubpartikeln und vielem mehr, das durch einen dunklen Bereich in der Mitte in zwei Hälften geteilt ist: Fertig ist der kosmische Schädel mit sehr viel Hirn – dieses Objekt hat einen Durchmesser von fast vier Lichtjahren. Auf Hilfe durch himmlische Geistesblitze sollten wir aber nicht hoffen: Der Abstand zwischen Erde und Hirn beträgt 8000 Lichtjahre.

James Webb hat den massereichen Stern PMR 1 im Sternbild Segel in dessen letzter Lebensphase beobachtet. Das Bild erinnert an eine MRT-Aufnahme eines menschlichen Schädels. Der Rote Riese hat zuerst den „Schädelknochen" ins All geblasen – später folgte weiteres Material von der Sternoberfläche. Wie der Stern sein Dasein beendet, ist noch offen: Vielleicht hinterlässt er einen Planetarischen Nebel mit noch mehr Hirnmasse. Womöglich zerreißt es ihn aber auch als Supernova. Das hängt von seiner Masse ab: Ist er mehr als achtmal schwerer als die Sonne, dürfte eine infernalische Explosion sein Leben beenden. Es wäre sehr schade, wenn das himmlische Hirn verpufft.

Massereiche Sterne blähen sich gegen Ende ihres Daseins gewaltig auf, manche pulsieren mit einer Periode von Monaten. Ihr Rand ist dann ähnlich fluffig wie Zuckerwatte. Immer wieder driften Teile der äußeren Schichten in den Weltraum. Die Sterne „denken" dabei an ihre Nachfolger: Das abgestoßene Material verteilt sich im All und wird irgendwann wieder Teil neuer Sterne und Planeten. Sterne geben ihrem Weltall stets etwas zurück!

STAUBSCHLEUDER
Der Doppelstern Apep (8000 Lichtjahre entfernt, Sternbild Winkelmaß, Webb) besteht aus zwei massereichen Sternen, die umeinander laufen. Ihr abströmendes Material bildet eine beeindruckende Spirale.

42: DIE ANTWORT

Im Buch „Per Anhalter durch die Galaxis" geht es um den Sinn des Universums, des Lebens und des ganzen Rests. Die genaue Frage bleibt offen, aber die Antwort lautet 42! Ob das kosmische Riesenhirn die Frage kennt – und den Sinn der Antwort …?

1

2

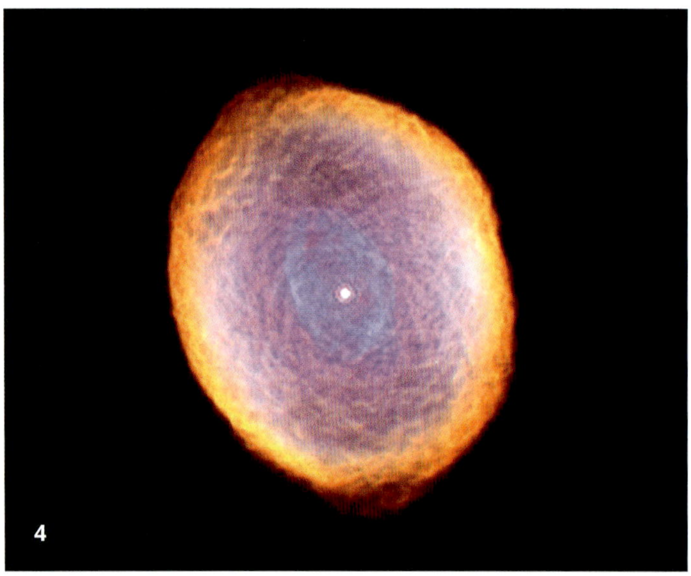
4

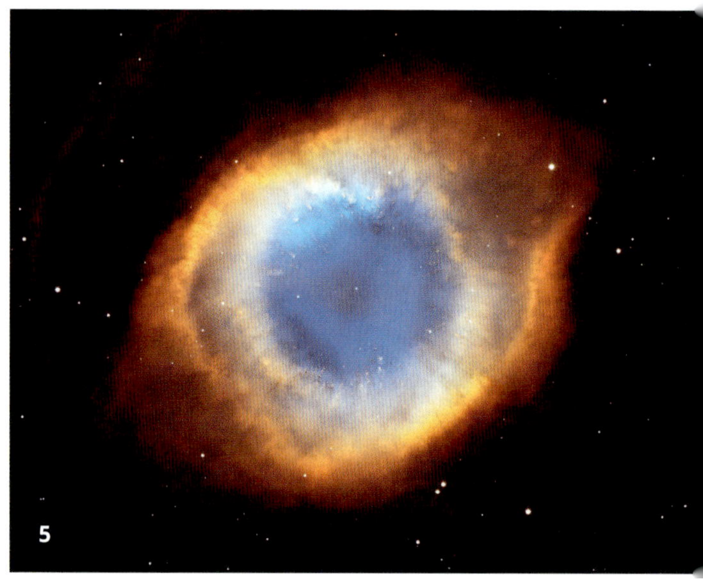
5

7

8

3

43 DER SCHÖNE TOD DER KLEINEN STERNE

Rote Spinne, bunter Ring, Katzenauge, Knallbonbon, Schmetterling & Co.: So vielfältig leuchten die Relikte von Sternen ähnlich der Sonne. Am Ende ihres langen Lebens geht irgendwann der Ofen aus. Der Stern stürzt zu einem Weißen Zwerg zusammen. Solch ein Zwergstern ist etwa so groß wie die Erde, hat aber ungefähr so viel Masse wie die Sonne. Vorher stößt der sterbende Stern seine äußeren Schichten in den umgebenden Weltraum ab. Der allmählich abkühlende Weiße Zwerg regt diese „Sternasche" noch einige Zeit zum Leuchten an.

Weil diese Nebel im Teleskop nicht als Punkte, sondern als kleine Scheibchen erscheinen, führte man im 18. Jahrhundert den Begriff Planetarischer Nebel ein, auch wenn sie nichts mit Planeten zu tun haben.

Die Sternleichen verraten viel über die Sterne, aus denen sie entstanden sind. War der Vorgänger in einem Doppelsternsystem, so erscheinen die Überreste oft stark verwirbelt oder entlang zweier Achsen ausgerichtet. Der Katzenaugennebel auf Seite 1 ist ein schönes Beispiel dafür.

Manche Sterne hinterlassen perfekte Kugeln im All, andere skurril geformte Skulpturen. Sie alle bestehen aus Sauerstoff, Helium, Kohlenstoff, Schwefel, Magnesium und vielen anderen chemischen Elementen. Diese Stoffe sind einst bei der Kernfusion im Stern entstanden – und reisen nun hinaus in den Kosmos.

In einigen zehntausend Jahren sind diese Nebel alle erloschen. Das Gas wandert weiter durch das All, wird irgendwann Teil von Bok-Globulen (siehe 32) und bildet neue Sterne. Dies ist die wunderschöne kosmische Version von „Asche zu Asche".

6

DANKE!

Viele Atome in unserem Körper wurden einst so bunt ins All gepustet. Wir sind alle ein bisschen Planetarischer Nebel!

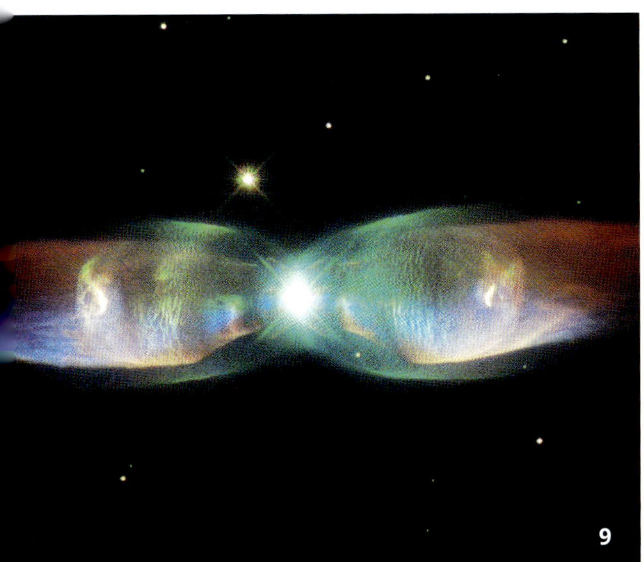

9

KOSMISCHE KUNSTWERKE Planetarische Nebel sind typischerweise zwischen 2000 und 5000 Lichtjahren entfernt und weniger als vier Lichtjahre groß. 1. NGC 6537 („Rote Spinne"), Sternbild Schütze, Aufnahme James Webb. 2. NGC 6072 („Schmetterling"), Skorpion, James Webb. 3. M 57 („Ringnebel"), Leier, James Webb. 4. IC 418 („Spirograph"), Hase, Hubble. 5. NGC 7293 („Helixnebel"), Wassermann, Hubble. 6. ESO 378-1 („Seifenblase"), Wasserschlange, VLT. 7. Shapley 1 („Rauchring"), Winkelmaß, New Technology Telescope/ESO. 8. IC 5148 („Ersatzreifen"), Kranich, Gemini South. 9. M2-9 („Knallbonbon"), Schlangenträger, Hubble.

44 DIE SUPERNOVA VON 1054

Am 4. Juli 1054 explodierte im Sternbild Stier ein massereicher Stern. Die Supernova fand zwar 6500 Lichtjahre entfernt statt, war aber dennoch so hell, dass sie wochenlang selbst am blauen Tageshimmel zu sehen war. Beobachter in China und Arabien vermerkten das Auftauchen eines „Gaststerns". Aus Europa gibt es keine Berichte – war der Sommer verregnet? Ein knappes Jahrtausend später ist die Explosionswolke noch immer zu sehen: M 1 oder Krebsnebel genannt.

Der Supernova-Überrest dehnt sich weiter aus und hat inzwischen elf Lichtjahre Durchmesser. Das Hubble-Teleskop zeigt den glühenden Wasserstoff am Nebelrand in Rot- und Grüntönen. In den bläulichen Bereichen im Innern des Nebels bewegen sich äußerst energiereiche Elementarteilchen. M 1 enthält zudem viel Kohlenstoff, Sauerstoff, Schwefel und andere schwere Elemente. Was vom explodierten Stern übrig blieb, kollabierte schlagartig zu einem Neutronenstern. So ein Objekt enthält mehr Masse als die Sonne, hat aber nur etwa 20 Kilometer Durchmesser – ein Stern von den Ausmaßen einer Großstadt! Extremer sind nur Schwarze Löcher. Ein Neutronenstern hat ein starkes Magnetfeld, dreht sich rasend schnell und gibt entlang enger Kegel Radiostrahlung ab.

Überstreicht der Leuchtkegel die Erde, so ist ein Flackern zu sehen – Fachleute sprechen von einem Pulsar. Der Pulsar in M 1 dreht sich 30-mal pro Sekunde um seine Achse. In einigen zehntausend Jahren werden sich die Gas- und Staubmassen so weit verdünnt haben, dass der Krebsnebel am Himmel verschwindet. Dann blitzt einsam der Pulsar.

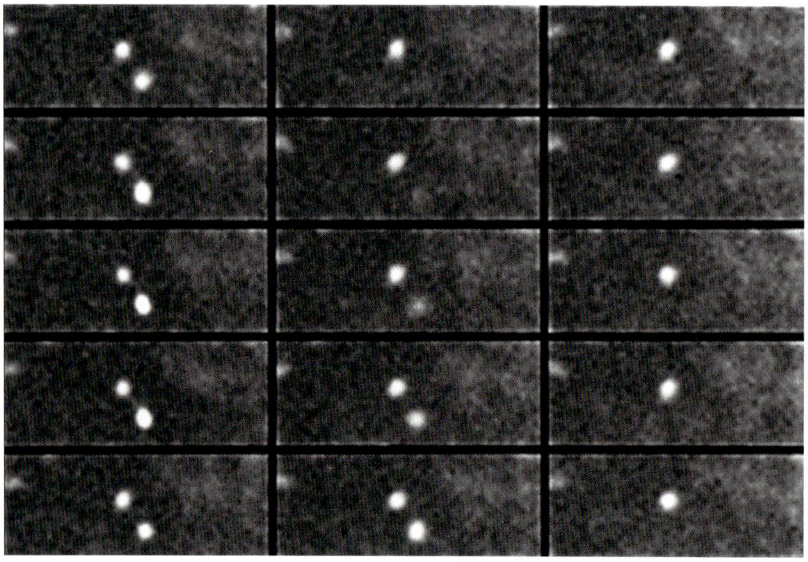

BLINKENDER PULSAR
Serienaufnahme (Kitt Peak Obs.) des Krebsnebel-Pulsars, der in 33 Millisekunden rotiert. Mal zeigt der Lichtkegel in unsere Richtung, mal nicht.

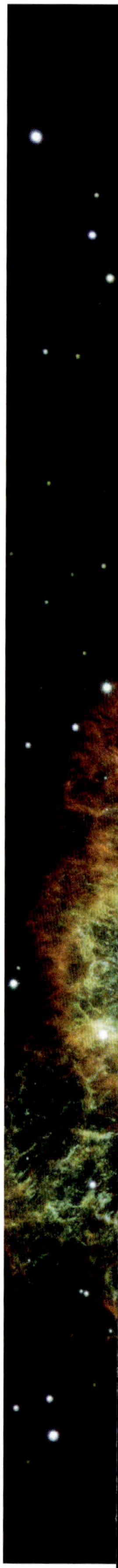

DIE PULSAR-DOKTORANDIN

1967 entdeckte die Studentin Jocelyn Bell die ersten Pulsare. Kurz dachte man an Alien-Funkfeuer. Dann war klar, dass es Neutronensterne sind. Den Nobelpreis bekam ihr Doktorvater.

45 DAS ERSTE SCHWARZE LOCH

Im Sternbild Schwan befindet sich die starke Röntgenquelle Cygnus X-1. Es ist ein Doppelsystem aus einem blauen Riesenstern mit 30- bis 50-facher Sonnenmasse und einem Schwarzen Loch, das etwa 20-mal schwerer ist als die Sonne. Vom Riesenstern strömt Materie zum Schwarzen Loch, die kurz vor dem Verschwinden intensiv aufleuchtet.

Manchmal dauert das Röntgenflackern nur eine Tausendstel Sekunde. In dieser Zeit legt das Licht lediglich 300 Kilometer zurück. Somit war bald nach der Entdeckung klar, dass das Objekt sehr kompakt sein muss. Wäre es so groß wie die Sonne, würde das Flackern mindestens einige Sekunden dauern.

„Es könnte ein Schwarzes Loch sein", formulierte die australische Astronomin Louise Webster (1941–1990) im Jahr 1971 sehr vorsichtig in einem Fachartikel. Inzwischen gilt Cygnus X-1 als Paradebeispiel für ein Schwarzes Loch in unserer Milchstraße. Der Vorgänger des Schwarzen Lochs muss größer gewesen sein als der blaue Riese. Dieser Stern hat viel Material verloren und ist dann als Supernova explodiert – der Partner hat das überlebt!

Auf dieser Aufnahme der Kitt-Peak-Sternwarte ist der untere der beiden Sterne nahe der Bildmitte der Doppelstern von Cygnus X-1. Das Schwarze Loch ist nicht zu erkennen. Das Sternpaar schleudert entlang enger Jets Materie ins All (ähnlich wie der junge Stern bei 36). Die Jets bleiben verborgen. Aber die „Bugwelle", die sie im Gas der Milchstraße auslösen, zeigt sich als bläulicher Bogen oben im Bild. Mit rund 7000 Lichtjahren Entfernung ist uns dieses Schwarze Loch viel näher als der Riese im galaktischen Zentrum.

GAIA UND DIE SCHWARZEN LÖCHER Der Gaia-Satellit (siehe 26) hat durch die auffällige Bewegung der Begleitsterne drei Schwarze Löcher aufgespürt. BH1 im Schlangenträger ist mit 1560 Lichtjahren Abstand das uns nächste.

HAWKING: WETTE VERLOREN

Einst haben die Forscher Stephen Hawking und Kip Thorne gewettet, ob Cygnus X-1 wirklich ein Schwarzes Loch ist. Hawking lag falsch, freute sich aber über seine Niederlage.

SUPERNOVA-DURSTSTRECKE

1604 war zuletzt eine galaktische Supernova mit bloßem Auge am Himmel zu sehen. Seitdem warten Himmelsfans sehnsüchtig auf eine neue Sternexplosion. Vielleicht flammt heute eine auf?!

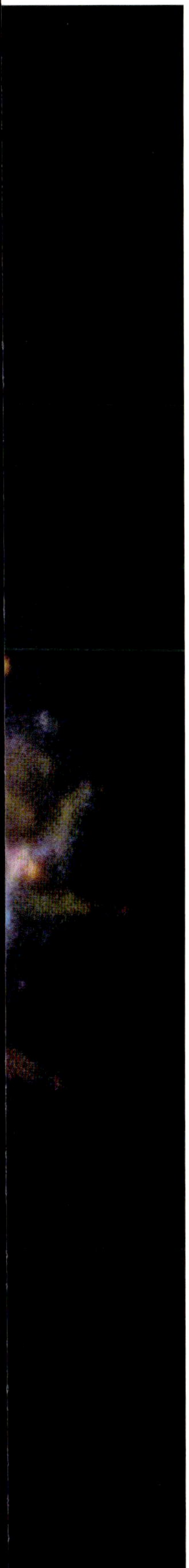

46 EINE SUPERNOVA ALS CHEMIEFABRIK

Etwa im Jahr 1680 ist im Sternbild Kassiopeia ein sehr massereicher Stern als Supernova explodiert. Das Drama spielte sich 11.000 Lichtjahre entfernt hinter dichten Gas- und Staubwolken ab – auf der Erde war davon nichts zu sehen. Die inzwischen fast zehn Lichtjahre große Explosionswolke Cas A ist noch immer Millionen Grad heiß. Daher strahlt sie intensiv im Röntgenbereich, hier beobachtet vom NASA-Weltraumteleskop Chandra.

Die Daten verraten viel über die chemische Zusammensetzung der Sterntrümmer. Die Farben sind willkürlich bestimmten Wellenlängen zugeordnet. Strahlung von heißem Silizium ist rot dargestellt, Schwefel gelb, Kalzium grün, Eisen violett und Blau verrät das energiereichste Röntgenlicht. Zudem kommen in Cas A große Mengen an Sauerstoff, Kohlenstoff, Stickstoff und Phosphor vor.

Dieser Supernova-Überrest ist die perfekte Chemiefabrik. Bei der Explosion wurde die dreifache Sonnenmasse an Sauerstoff ins All geschleudert – ein unfassbarer Wert. Dagegen nehmen sich 20.000 Erdmassen an Silizium und 70.000 Erdmassen an Eisen, die dort ins All fliegen, geradezu bescheiden aus.

Etwa dreiviertel der Masse eines menschlichen Körpers besteht aus chemischen Stoffen, die einst in massereichen Sternen entstanden sind. Sie kamen durch solche Supernova-Explosionen in den Weltraum. Die Gas- und Staubwolke, aus der sich die Sonne und ihre Planeten gebildet haben, enthielt große Mengen an Sternasche. Ohne frühere Supernova-Ausbrüche gäbe es keine Erde – und kein Leben. Cassiopeia A & Co. verdanken wir unsere Existenz!

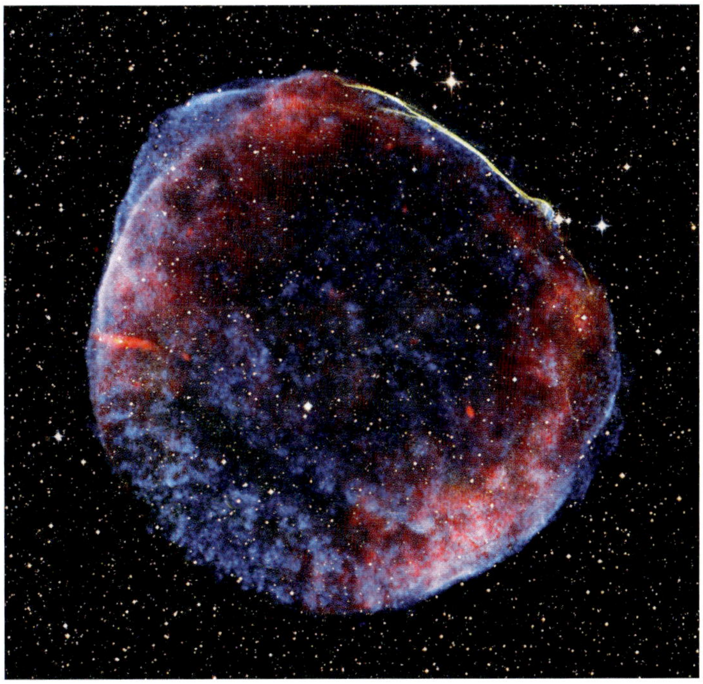

HELLSTE SUPERNOVA

Im Sternbild Wolf leuchtet dieser Überrest einer Supernova aus dem Jahr 1006. Sie war vermutlich das hellste stellare Objekt, das in der Menschheitsgeschichte am Himmel zu sehen war. Dieses Bild vereint optische (gelb), Röntgen- (blau) und Radiodaten (rot). Die Wolke ist 7000 Lichtjahre entfernt und 60 Lichtjahre groß.

47 BETEIGEUZE, DIE NÄCHSTE SUPERNOVA?

In kaum einem Sternbild liegen Werden und Vergehen im Kosmos so dicht beieinander wie im Himmelsjäger Orion, der mit seinem markanten Gürtel und zwei besonders hellen Sternen besticht. In dieser Figur befindet sich der Pferdekopfnebel – mit viel Staub für künftige Sterne. Im Orionnebel läuft die Sternproduktion auf Hochtouren und durch das gesamte Sternbild ziehen sich Gas- und Staubmassen, die aus längst erloschenen Sternen stammen und Rohstoff für künftige Sterngenerationen sind. Bald kommen enorme Mengen an Sternasche hinzu: Denn Beteigeuze, die linke Schulter Orions, ist ein Roter Riesenstern – er steht kurz vor seinem dramatischen Ende.

Beteigeuze hat gut 14-mal mehr Masse als unsere Sonne und strahlt etwa 100.000-mal intensiver. Solche Sterne leben nur einige Millionen Jahre – und nicht Milliarden wie die Sonne. Beteigeuze hat sich auf die 700-fache Größe der Sonne aufgebläht und pulsiert im Laufe einiger Jahre.

Fachleute mühen sich, den Zustand des Sterns zu verstehen. Manche meinen, dass Beteigeuze in seinem Innern derzeit noch letzte Reste von Kohlenstoff fusioniert. Das ist wohl spätestens in 300 Jahren vorbei. Nur einige Jahrzehnte später könnte es den Stern in einer Supernova-Explosion zerreißen – Beteigeuze leuchtet für uns dann fast so hell wie der Vollmond.

Da Beteigeuze rund 500 Lichtjahre entfernt ist, sehen wir ihn so, wie er vor 500 Jahren aussah. Womöglich hat die Supernova schon stattgefunden – der Explosionsblitz kann uns jederzeit erreichen! Vielleicht erstrahlt Beteigeuze schon heute als Supernova.

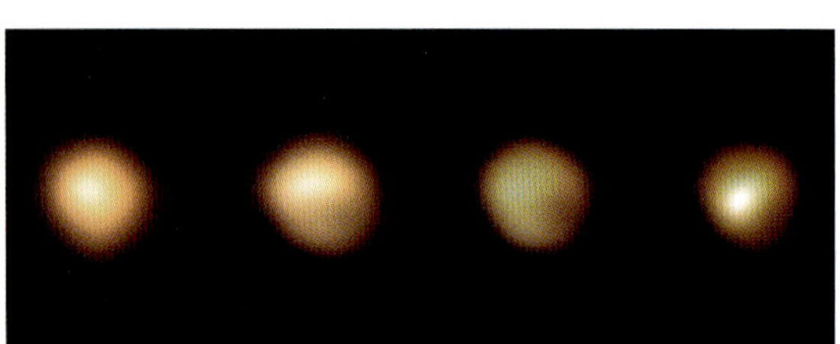

FLACKERN VOR DEM ENDE? Das VLT in Chile zeigt Details auf dem Riesenstern. 2019/2020 schwächten Staubschwaden Beteigeuze ein wenig ab. Die Supernova blieb bisher aus.

SUPERNOVA AM TAG

Die gleißend helle Beteigeuze-Explosion sehen wir auch, falls sie sich im Sommer ereignet, wenn die Sonne hoch über dem Orion steht. Die Supernova glüht dann am blauen Tageshimmel.

48 ASCHE ZU STERN, STERN ZU ASCHE

Gas und Staub sind im Kosmos nicht alles. Aber ohne Gas und Staub ist im Kosmos alles nichts. Der Supernova-Überrest im Segel (links, 800 Lichtjahre entfernt, VLT Survey Telescope in Chile) stammt von einer Explosion vor 11.000 Jahren. Damals dürfte eine Supernova etwa so hell wie der Vollmond am Himmel geleuchtet haben – ob die Steinzeit-Menschen verängstigt oder fasziniert waren, ist leider nicht überliefert. Das noch immer durch die Milchstraße vagabundierende Material lässt filigrane Strukturen aufleuchten.

Der Pfeifennebel (rechts, 600 Lichtjahre entfernt, 2,2-Meter-Teleskop ESO/La Silla) zeigt wunderbar die dunkle Seite des Staubes. Die schwarzen Schwaden zeichnen sich vor einem von Sternen übersäten Hintergrund ab. Diese Himmelsgegend im Schlangenträger liegt fast genau in Richtung des Zentrums unserer Milchstraße, das für das sichtbare Licht hinter Sternen, Staub und Gas verborgen bleibt. Die Dunkelwolken dürften einst ähnlich hell wie die vom Überrest der Supernova im Segel gewesen sein. Sie zogen Millionen Jahre durch das All und kühlten ab. An einigen Stellen ist zu erkennen, dass gerade die Entstehung von Sternen einsetzt.

In ein bis zwei Millionen Jahren sind die Segel-Schleier längst vergessen. Der Pfeifennebel hat dann einige neue Sterne produziert – und das Sternfeld erscheint noch chaotischer. Die massereichsten werden nur wenige Millionen Jahre später als Supernova explodieren. Zurück bleibt dann ein Gas-Staub-Gespinst wie im Sternbild Segel – und der nahezu ewige Kreislauf von Sternentstehung und Sterntod beginnt von vorn.

ROHSTOFFE „BALD" KNAPP

Sterne gewinnen Energie aus dem Verschmelzen von Wasserstoff. Mit jedem Stern geht ein wenig Wasserstoff verloren. Irgendwann ist nichts mehr da – und die Sternentstehung stoppt.

BRUNOS PLANETEN-TOD

Die Sterne am Himmel sind ferne Sonnen – und sie haben Planeten ähnlich unserer Erde. Für diese moderne Weltsicht wurde Giordano Bruno 1600 in Rom von der Kirche hingerichtet.

49 STAUBSCHEIBEN FÜR DIE PLANETEN

Wenn ein Stern entsteht, sind Planeten offenbar die ganz normale Zugabe. Die Gas- und Staubwolke zündet im Zentrum einen Stern. Ihn umgibt noch die große, rotierende Scheibe des restlichen Materials. Wenn sie sich schnell genug verklumpt, bilden sich Planeten wie Jupiter oder gar eine Erde. Die Planeten im Sonnensystem verraten ihre gemeinsame Vergangenheit dadurch, dass sie alle in derselben Richtung um die Sonne laufen – und in etwa in derselben Ebene. Die Ur-Scheibe lässt grüßen!

Wo Sterne entstehen, bilden sich auch Planeten. Das zeigen viele Beobachtungen junger Sterne. Die sind oft von dunklen Strukturen umgeben, den protoplanetaren Scheiben. In den 1990er-Jahren hat das Hubble-Teleskop viele dieser Objekte im Orionnebel entdeckt (unten). Besonders markant sind sie, wenn wir genau auf die Kante der Scheibe blicken. Das Leuchten des neugeborenen Sterns ist ober- und unterhalb der dunklen Scheibe zu sehen. Die werdenden Planetensysteme erscheinen wie himmlische Hotdogs.

Nicht aus jeder Scheibe werden Planeten. Ist der Stern sehr heiß und pustet viel energiereiche Strahlung ins All, dann löst sich die Staubscheibe zu schnell auf. Manche jungen Sterne im Orionnebel haben keine kompakten Scheiben mehr, sondern nur noch „Kaulquappen". Aus denen werden keine Planeten.

Ein Paradebeispiel für eine Planetenscheibe hat James Webb im Stier beobachtet (großes Bild). Dort regt ein junger Stern in 525 Lichtjahren Entfernung die restlichen Gasschwaden in der Umgebung zum Leuchten an. Das Objekt wird von einem dunklen Strich geteilt: Das ist die Staubscheibe, die den Stern umgibt – und nun bald Planeten bilden könnte. Millionen Lichtjahre entfernt im Hintergrund staunen die Galaxien.

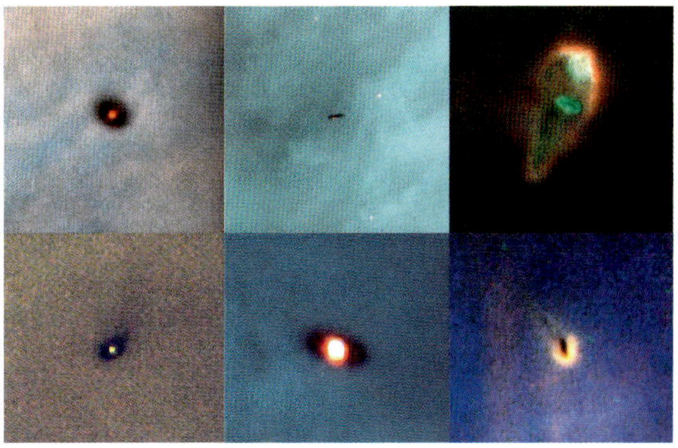

50 DIE ENTDECKUNG DER EXOPLANETEN

1995 veröffentlichten die Schweizer Astronomen Michel Mayor und Didier Queloz ihre Beobachtungen von 51 Pegasi. Der Stern pendelt ein wenig hin und her. Das liegt an der Anziehungskraft seines Begleiters: In nur gut vier Tagen umkreist ihn ein Planet, der halb so viel Masse wie Jupiter hat. Der Abstand vom Stern beträgt nur etwa acht Millionen Kilometer. Unsere Erde ist 20-mal weiter von der Sonne entfernt.

Die Entdeckung dieses Exoplaneten war eine Weltsensation. Zwar hatten zwei Kollegen aus den USA und Polen bereits drei Jahre zuvor erdgroße Planeten entdeckt – doch die kreisen um einen Pulsar. Die Erregung hielt sich in Grenzen, weil diese Planeten nach einer Supernova-Explosion nur verkohlte Wüsten sein können.

51 Pegasi dagegen ist ein Stern, der unserer Sonne ähnelt. Sofort schwirrten die Gedanken um E.T. und andere Aliens. Die Astronomen hatten gezielt nach Planeten fremder Sterne gesucht. Allerdings dachte man, ferne Planetensysteme wären so aufgebaut wie unseres. Ein „heißer Jupiter", ein Riesenplanet weit innerhalb der Merkurbahn, schien unvorstellbar.

51 Pegasi (inzwischen offiziell Helvetios getauft) ist 50,6 Lichtjahre entfernt und gehört zum Sternbild Pegasus, dem geflügelten Pferd. Der antiken Sage nach soll Pegasus am Gipfel des Helikon-Gebirges durch seinen Hufschlag die den Musen geweihte Quelle Hippokrene zum Sprudeln gebracht haben. Das passt zur Astronomie: Mit dem ersten Exoplaneten eines sonnenähnlichen Sterns ist im Pegasus ein äußerst dynamisches Forschungsfeld entsprungen – ein Quell, der niemals versiegt.

ALTE STERNWARTE FÜR NEUE PLANETEN
Die Nobelpreisentdeckung von 51 Pegasi gelang mit dem ELODIE-Spektrographen am Observatoire de Haute-Provence nördlich von Marseille.

STERNE MIT SCHRITTTEMPO

Inzwischen kann man messen, ob ein viele Lichtjahre entfernter Stern mit vier Kilometern pro Stunde auf uns zu oder von uns weg läuft. So werden viele Exoplaneten entdeckt.

51 PLANETEN, ÜBERALL PLANETEN!

Die Suche nach Planeten im All galt bis 1995 als exotischer Bereich der Astronomie. Manche Fachleute rümpften über diese „Ufo-Forschung" die Nase. Mit der Entdeckung von 51 Pegasi (vorherige Seite) änderte sich alles. Inzwischen sind die Exoplaneten eines der dynamischsten Gebiete der Astronomie – ähnlich bedeutend wie die Suche nach Dunkler Materie und Dunkler Energie.

Mehr als 6000 Exoplaneten sind bereits bekannt. Jeder grüne Punkt auf dieser Sternkarte steht für einen Stern mit Exoplaneten. Ob im Orion oder im Großen Wagen, im Sommerdreieck oder im Kreuz des Südens: Planeten sind überall. Gibt es auf manchen vielleicht sogar Leben?

Dass in Schwan und Leier und in manchen Bereichen entlang der Ekliptik (der scheinbaren Sonnenbahn am Himmel) besonders viele Planeten entdeckt wurden, hat einen simplen Grund: Dort haben Satellitenmissionen (Kepler und Tess) besonders intensiv gesucht. Wer viel sucht, findet viel.

Die ersten Planeten wurden entdeckt, weil sie mit ihrer Anziehungskraft ihre Sterne etwas pendeln lassen. Das ist mit Hilfe von Spektren zu messen. Einfacher und schneller funktioniert die Transit-Methode: Teleskope überwachen zigtausende von Sternen gleichzeitig. Zieht von uns aus gesehen ein Planet genau vor einem Stern entlang, so sinkt die Sternhelligkeit regelmäßig für kurze Zeit etwas ab. Exoplaneten verraten sich also durch Mini-Sternfinsternisse. Läuft der Planet von uns aus gesehen ober- oder unterhalb des Sterns entlang, so gibt es keine Finsternis – solche Planeten sind bisher nicht zu entdecken.

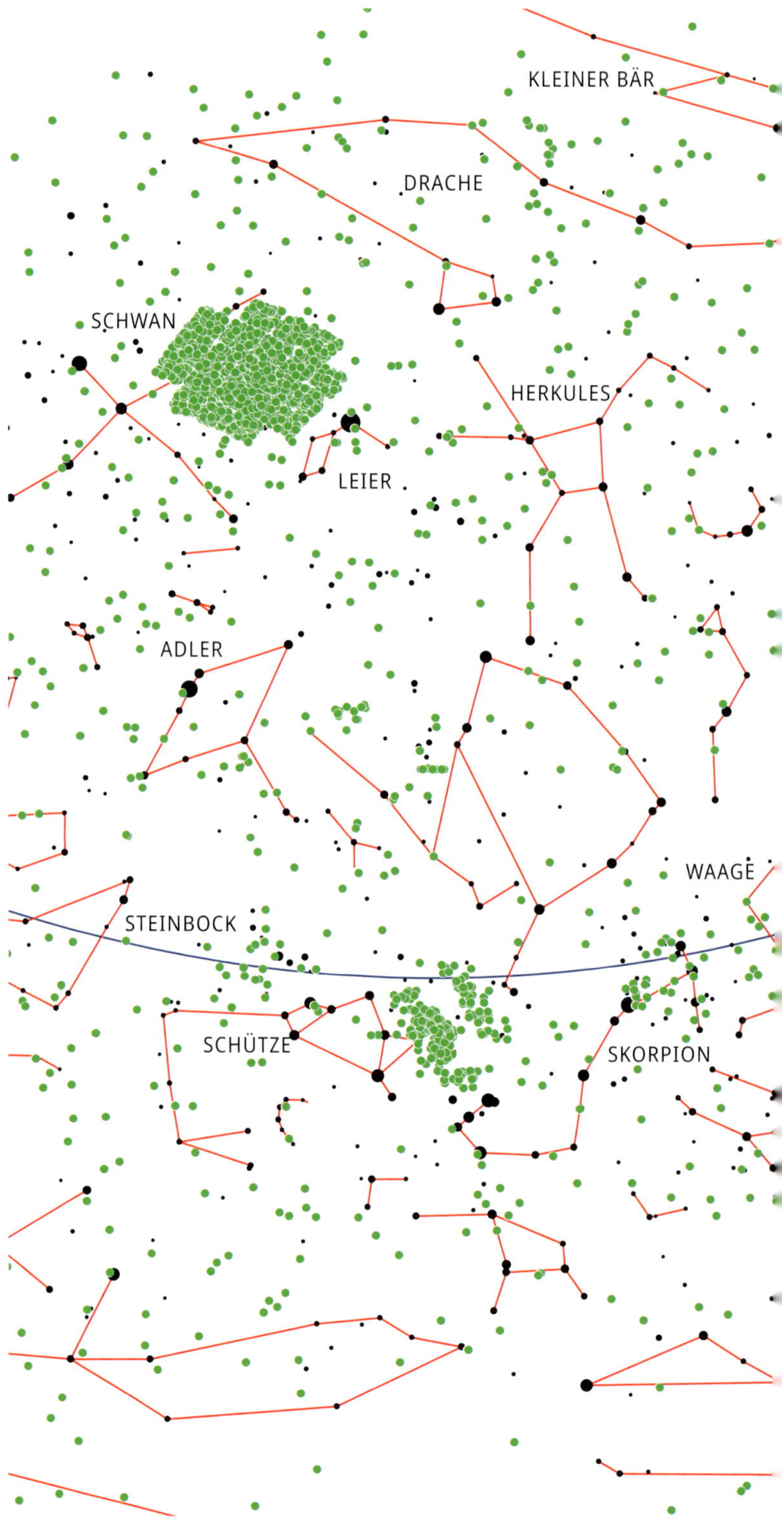

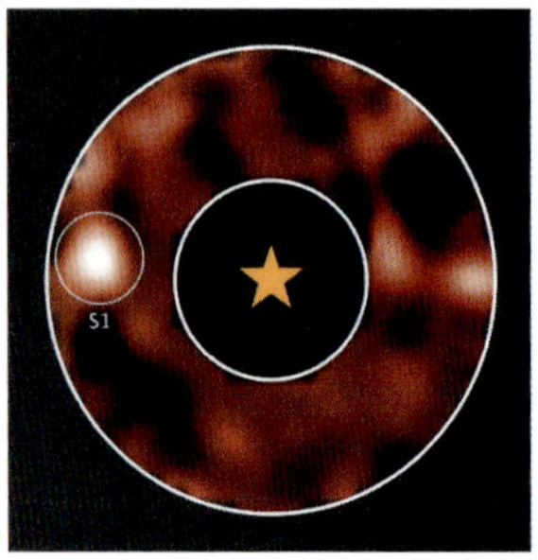

DER EXOPLANET VON NEBENAN
Webb hat unseren Nachbarstern Alpha Centauri (vier Lichtjahre entfernt) abgedeckt (Sternsymbol) fotografiert. Mit diesem Trick lässt sich der Planet S1 erahnen.

VOM STERN ÜBERSTRAHLT

Planeten sind lichtschwach und stehen dicht bei hellen Sternen. So sind sie kaum direkt zu sehen. Von sehr weit weg kann man auch keine Mücken neben einem Flutlicht fotografieren.

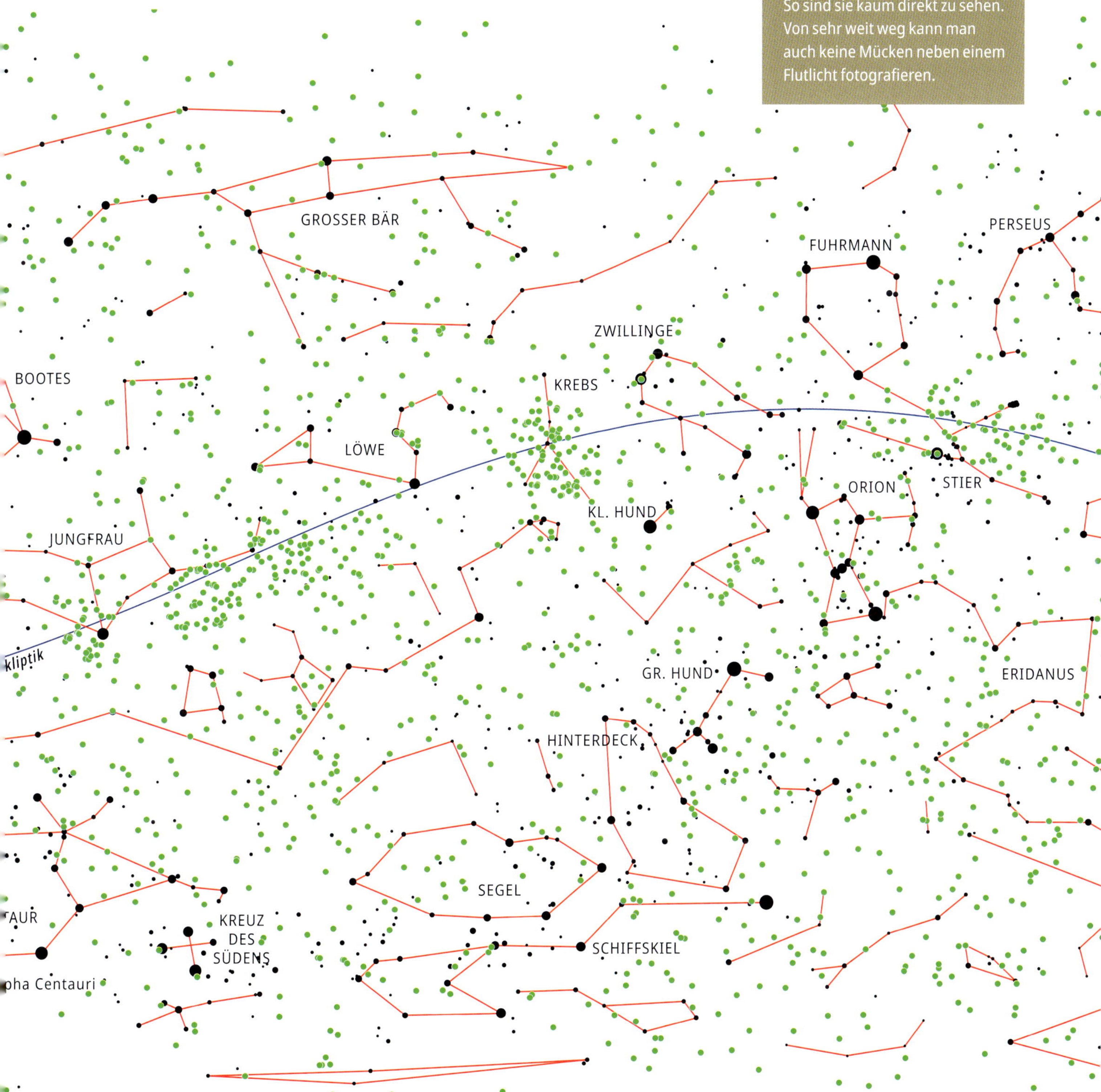

52 DER GRÖSSTE STERNHAUFEN DER MILCHSTRASSE

Omega Centauri enthält rund zehn Millionen Sterne, die sich in einem Bereich mit etwa 170 Lichtjahren Durchmesser drängeln. Dieser Kugelsternhaufen ist fast eine kleine Galaxie. Omega Centauri steht im Sternbild Zentaur und ist mit bloßem Auge als Nebelfleck zu erkennen. Die Aufnahme des VLT Survey Telescope der Europäischen Südsternwarte (ESO) in Chile zeigt das Sterngewimmel in allen Details. Wären wir Planet eines Sterns mitten in diesem Haufen, so wäre der Himmel übersät von Sternen, die ähnlich hell wie die Venus leuchten.

Etwa 150 kugelförmige Sternhaufen umgeben die Milchstraße. Diese Objekte sind alt und weise. Während offene Sternhaufen wie die Plejaden (siehe 40) stets junge Sterne enthalten, sich nach einigen hundert Millionen Jahren auflösen und damit die stellaren Kindergärten sind, werden die Kugelhaufen oft zehn bis zwölf Milliarden Jahre alt. Sie sind stellare Altenheime. Ihre Sterne können fast noch vom Urknall erzählen, jedenfalls stammen sie aus der Anfangszeit des Universums. Damals war der Kosmos voller Zwerggalaxien, die miteinander verschmolzen sind. Dabei haben sich offenbar auch die Kugelsternhaufen gebildet, gingen dann aber eigene Wege.

Ihre Sterne bestehen fast nur aus Wasserstoff und Helium und enthalten praktisch keine schwereren Elemente aus früheren Sterngenerationen. In Kugelhaufen gibt es keine Gas- und Staubwolken, daher bilden sich dort keine neuen Sterne. Sie spielen eine große Rolle, um das Alter des Universums abzuschätzen. Das All muss logischerweise älter sein als die ältesten Kugelhaufen!

STERNE, STERNE, STERNE
Das Hubble-Teleskop sieht den Haufen vor lauter Sternen nicht. Im Kernbereich von Omega Centauri gibt es auch einige Schwarze Löcher.

SONNE MIT RANDPLATZ

1912 wurde klar, dass sich die Kugelsternhaufen um das weit entfernte Milchstraßenzentrum gruppieren – und dass die Sonne nicht, wie angenommen, nahe der Galaxienmitte steht.

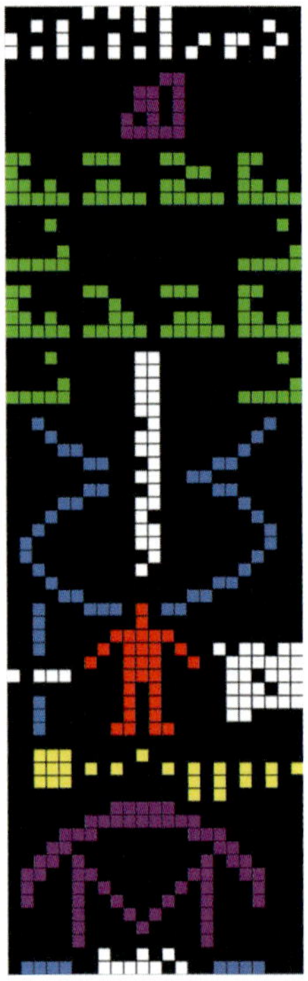

NOCH EINE BOTSCHAFT

Schon 2029 kann sich ein Planet von Gliese 581 in der Waage auf Nachricht von uns freuen, abgeschickt mit dem Radioteleskop von Jewpatoria in der Ukraine. Antwort frühestens 2050.

53 HALLO M 13, HIER ERDE!

Die Suche nach Exoplaneten fasziniert so viele Menschen, weil sofort die große Frage im Raum steht, ob es irgendwo da draußen noch anderes Leben gibt. Schon Mikroben wären schön. Noch besser wäre eine Hightech-Zivilisation. Ziel einer galaktischen Kontaktaufnahme ist M 13, der größte Kugelhaufen (Durchmesser knapp 150 Lichtjahre) am Nordhimmel. Er befindet sich etwa 25.000 Lichtjahre entfernt im Sternbild Herkules und enthält mindestens eine halbe Million Sterne.

Seit 1974 ist die Arecibo-Botschaft unterwegs zu ihm. In Arecibo in Puerto Rico gab es einst ein Radioteleskop mit 300 Metern Durchmesser. Bei einer Feier schickte das Teleskop-Team eine Computergrafik ins All. Die Idee war in einer Bierlaune entstanden. Die Botschaft bestand aus einem radiocodierten Bild mit der heute lächerlich erscheinenden Größe von 73 mal 23 Pixeln – zwei Primzahlen. Auf dem Bild sind die Struktur der DNA dargestellt, das Aussehen eines Menschen, die Erde als dritter Planet im Sonnensystem, eine Radioschüssel und einiges mehr.

Weil das 300-Meter-Teleskop für Radarbeobachtungen von nahen Planeten zum Einsatz kam, verfügte es über einen starken Sender. Das Abschicken der Botschaft dauerte keine drei Minuten. Vielleicht hat einer der vielen Sterne in M 13 (Aufnahme Hubble-Teleskop) einen Planeten, auf dem eine technische Zivilisation lebt. Doch die Aliens müssen genau zur richtigen Zeit Richtung Erde auf Empfang sein. Nach drei Minuten ist die Botschaft durchgerauscht. Also: Ohren auf! Und bitte sofort zurückfunken: Dann haben wir bereits in 50.000 Jahren eine Antwort!

TALKESSEL-SCHÜSSEL
Das Arecibo-Teleskop hat die Tiefen des Alls erforscht und eine Hauptrolle im Sci-Fi-Film „Contact" gespielt. 2020 ist es eingestürzt – ein Drama.

54 DIE ZWERGGALAXIE IM VORGARTEN

1519 ist der portugiesische Seefahrer Ferdinand Magellan im Auftrag Spaniens in See gestochen, um die Westroute ins heutige Indonesien zu finden. Als er weit auf der Südhalbkugel war, bemerkte er zwei größere Nebelflecken am Nachthimmel. Sie sehen aus wie abgerissene Teile des Milchstraßenbandes und sind irregulär geformte Begleitgalaxien unserer Milchstraße. Heute spricht man von der Großen und Kleinen Magellansche Wolke.

Die Große hat eine Ausdehnung von 30.000 Lichtjahren, enthält gut 20 Milliarden Sterne und befindet sich 160.000 Lichtjahre entfernt in den Sternbildern Schwertfisch und Tafelberg. Die Große Magellansche Wolke war offenbar einst eine kleine Balkenspiralgalaxie, eine Art Miniaturversion unserer Milchstraße. Deren Anziehungskräfte haben – unterstützt von der Gravitation der Kleinen Wolke – ihr buchstäblich die Arme verdreht.

Dieses Bild – bei vierstündiger Belichtung auf Cerro Pachón in Chile aufgenommen – zeigt viel Gas und Staub. In der Großen Magellanschen Wolke lassen sich zahlreiche Phänomene der Sternentwicklung beim Blick „von oben" untersuchen. Eine echte Sensation gab es auch: 1987 flammte eine Supernova auf, die mit bloßem Auge zu sehen war. Das war nicht ganz die ersehnte helle Explosion in der Milchstraße, aber ein erster Schritt. Zudem befindet sich dort mit dem Tarantelnebel das aktivste Sternentstehungsgebiet in unserer kosmischen Nachbarschaft. Dass viele Großsternwarten auf der Südhalbkugel errichtet wurden, hat einen einfachen Grund: Nur von dort sind das Zentrum der Milchstraße und die beiden Magellanschen Wolken gut zu beobachten.

SUPERNOVA DER HERZEN
Am 23. Februar 1987 erstrahlte die Supernova in der Großen Magellanschen Wolke. Dieses Hubble-Bild der glühenden Überreste entstand 2009.

FRESSEN ODER FLIEHEN?

Was genau aus der Großen Magellanschen Wolke wird, ist noch offen. Lange dachte man, sie würde mit der Milchstraße verschmelzen. Nach neuen Modellen könnte sie auch vorbeiziehen.

55 DIE RIESEN-TARANTEL IM KOSMOS

Am Rand der Großen Magellanschen Wolke erinnern die Gas- und Staubschwaden an eine riesige Spinne – mehr als 1200 Lichtjahre groß! Im Tarantelnebel wird aber nichts gefressen, ganz im Gegenteil: Diese Gegend, hier aufgenommen mit dem VLT Survey Telescope der Europäischen Südsternwarte ESO in Chile, ist das aktivste Sternentstehungsgebiet in der Lokalen Gruppe. So nennen Fachleute die kleine Ansammlung von Galaxien rund um die Milchstraße.

Im Tarantelnebel und seiner Umgebung sind schon Millionen Sterne aufgeflammt. Viele davon haben deutlich mehr als 100 Sonnenmassen und enden rasend schnell als Supernova. Die Spinne hält einen Haufen junger Sterne zwischen ihren „Klauen" – ein anderer Haufen befindet sich direkt neben ihr. Dort sind schon mehr als 40 Supernovae explodiert und haben eine große Blase in die Gasmassen gepustet.

Könnten wir im Zeitraffer sehen, was sich in dieser Himmelsgegend abspielt, so sähen wir ständig neue Sterne aufflammen. Andere explodieren und mischen Gas und Staub kräftig durch. Der Tarantelnebel ist eine Hochleistungssternfabrik. Unser so geliebter Orionnebel (Pardon, nur lächerliche 20 Lichtjahre klein) ist daran gemessen lediglich ein Sternen-Kiosk.

Die Große Magellansche Wolke zieht Material von der Kleinen Wolke ab. So hat die hyperaktive Galaxie immer wieder Nachschub und hält das Sternenfeuerwerk in Gang. Kein Wunder, dass in dieser turbulenten Gegend auch die Supernova 1987A aufgeflammt ist. Dort kann jederzeit wieder ein Stern hochgehen. Die Fachleute liegen auf der Lauer!

LEIDER WEIT WEG

Damit eine Supernova ein wirklich helles Objekt an unserem Firmament wird, darf sie nur einige tausend Lichtjahre entfernt sein – nicht 160.000 wie die Große Magellansche Wolke.

56 LETZTE AUSFAHRT VOR DEM WEITEN WELTRAUM

Schon die ersten Menschen, die in grauer Vorzeit auf der Südhalbkugel an den Himmel geblickt haben, müssen die Magellanschen Wolken wahrgenommen haben. Die älteste schriftliche Erwähnung stammt vom persischen Astronomen Al-Sufi aus dem Jahr 964. Zwar sprechen wir heute von den Magellanschen Wolken, aber bis ins 19. Jahrhundert war von den Kapwolken die Rede, weil man diese Objekte bei Reisen rund um Kap Hoorn und das Kap der Guten Hoffnung beobachten konnte. Viele Astronomen vermerkten in ihren Sternkarten einfach Kleines und Großes Nebelchen.

Die Kleine Magellansche Wolke enthält einige hundert Millionen Sterne, hat etwa 20.000 Lichtjahre Durchmesser und befindet sich im Sternbild Tukan, nahe dem Himmelssüdpol. Sie ist rund 200.000 Lichtjahre entfernt – das ist etwa ein Zehntel des Abstands zur nächsten großen Galaxie, M 31 in der Andromeda (siehe 57). Ist man an der Kleinen Wolke vorbei, hat man die Milchstraße endgültig hinter sich.

Das rechte Bild zeigt die Kleine Magellansche Wolke, aufgenommen auf Cerro Tololo in Chile. Auch dort glüht viel Gas und es zünden ständig neue Sterne. Aber die beiden Sternkugeln rechts und links oben sind Kugelsternhaufen unserer Milchstraße. Sie stehen weit im Vordergrund.

Das untere Bild zeigt das Band der Milchstraße und die beiden Magellanschen Wolken über der Sternwarte von La Silla in Chile. Mit dieser Übersicht über unsere kosmische Heimat samt Vorgarten ist der Weg frei in die Tiefen des Universums. Bisher ging es um die Welt der Sterne – nun folgt die Welt der Galaxien. Gute Reise!

NUR 2 VON ÜBER 60!

Unsere Milchstraße zieht mit einem ganzen Schwarm durch das Universum. Mehr als 60 „Satelliten-Galaxien" sind bekannt – die Magellanschen Wolken sind die größten und aktivsten.

KAPITEL 3

SENSATIONELLE GALAXIEN

SPIRALEN, BALKEN UND SCHWARZE LÖCHER

Unsere Milchstraße ist die gigantische kosmische Stadt, zu der auch Erde und Sonne gehören – Fachleute sprechen von einer Galaxie. Im Kosmos wimmelt es von solchen „Megastädten". Die größten Galaxien enthalten viele hundert Milliarden Sterne – kleine Galaxien nur wenige Millionen.

In manchen gibt es enorme Mengen an Gas und Staub. Dort bilden sich ständig Sterne und Planeten. In anderen ist der Rohstoff für neue Sterngenerationen ausgegangen – dort leben vor allem recht alte Objekte.

So unterschiedlich wie ihre Lebensweise ist auch ihr Aussehen: Die auffälligsten Galaxien sind riesige Spiralen – sie erscheinen wie kosmische Wirbel. Auf der linken Seite sind mit M 61 (55 Millionen Lichtjahre entfernt) und im Hintergrund NGC 4301 (78 Millionen Lichtjahre entfernt, beide im Sternbild Jungfrau) zwei wunderbare Spiralgalaxien zu sehen. Andere Galaxien haben einen langen „Balken" aus Sternen im Zentrum, an dem die Spiralarme ansetzen. Die größten Galaxien sind eher oval geformt. Dazu kommen zahllose Zwerggalaxien, die unregelmäßig aufgebaut sind.

Himmlisches Galaxiengedrängel

Während Sterne nach ihrer Entstehung zumeist Einzelgänger sind – abgesehen von den Planeten in ihrem Schlepptau –, haben Galaxien viel Kontakt untereinander. Denn gemessen an ihrer Größe stehen sie viel enger beieinander als Sterne. Wie weit verstreut Sterne in der Umgebung der Sonne sind, macht ein Gedankenexperiment klar: Man denke sich in jeder Hauptstadt Europas eine Frucht: eine Weintraube in Berlin, eine Kirsche in Kopenhagen, eine Johannisbeere in Warschau usw. Dann stimmt in etwa das Verhältnis von Größe und Entfernung der Sterne. Führt man dieses Gedankenexperiment mit Galaxien fort, so ist das Ergebnis ganz anders. Stellen wir uns unsere Milchstraße als Kirsche vor, dann wäre die nächste große Galaxie – die Andromeda-„Kirsche" – im selben Maßstab nur einen halben Meter entfernt! Das Universum ist voller Galaxien, aber in den Galaxien gibt es trotz der vielen Sterne vor allem leeren Raum. Das „bisschen", was da ist, leuchtet trotzdem betörend schön, wie im letzten Kapitel zu sehen war.

Galaxien sind Kannibalen

Zusammenstöße von Galaxien sind All-Tag. Das klingt brutal, ist aber harmlos: Gas, Staub und Sterne tun sich einfach zu einer noch größeren Galaxie zusammen. Auch unsere Milchstraße ist durch „kosmischen Kannibalismus" gewachsen. Sie hat viele kleine Galaxien geschluckt – aber dabei ist kein Stern zu Schaden gekommen.

Im Zentrum der meisten Galaxien befindet sich ein Schwarzes Loch, das viele Millionen oder gar Milliarden Mal so viel Masse hat wie unsere Sonne. Noch ist unklar, wie so ein Objekt entsteht und wie es die Entwicklung seiner Galaxie beeinflusst.

Schließlich verraten Galaxien einen ganz geheimnisvollen Bestandteil des Universums: Ihre Bewegung lässt sich nur verstehen, wenn dort viel mehr Materie mit ihrer Anziehungskraft wirkt als in den Teleskopen zu sehen ist. Entweder ist die Theorie der Gravitation falsch, was nur die wenigsten Fachleute glauben. Oder es gibt große Mengen an Dunkler Materie, die grundsätzlich nicht leuchtet und sich allein durch ihre Anziehungskraft auf sichtbare Objekte verrät.

BALKENSPIRALE NGC 1365 (200.000 Lichtjahre Durchmesser, 55 Millionen Lichtjahre entfernt, Sternbild Chemischer Ofen) ist doppelt so groß wie unsere Milchstraße.

GALAXIENKOLLISION NGC 4567 und 4568 (60 Mio. Lichtjahre entfernt, Sternbild Jungfrau) verschmelzen gerade. Das geschieht ganz sanft – es stoßen keine Sterne zusammen.

57 ANDROMEDA – EINE GALAXIE, DIE DIE WELT BEWEGTE

Während sich die Magellanschen Wolken (siehe 56) vereinfacht gesagt im Garten der Milchstraße befinden, ist die Andromedagalaxie unser erster „richtiger" Nachbar. Sie ist etwa 2,5 Millionen Lichtjahre entfernt und ähnelt in Größe und Struktur unserer Milchstraße. Könnten wir von einem Planeten in Andromeda in unsere Richtung blicken, so böte sich ein ähnliches Bild wie dieses Mosaik des NASA-Satelliten GALEX. Der empfängt die Ultraviolettstrahlung aus dem All. Sie ist energiereicher als das sichtbare Licht, das unsere Augen wahrnehmen.

Bläulich-weiß sind die vielen jungen heißen Sterne von Andromeda zu sehen. Sie bilden eher Ringe als Spiralarme – vermutlich die Folge einer Kollision mit einer der kleinen Begleitgalaxien. In dunklem Blaugrau zeichnen sich Gas- und Staubwolken ab, aus denen erst noch Sterne entstehen.

Im Zentrum zeigen sich vor allem ältere, eher gelblich erscheinende Sterne. Mitten im Sterngedränge befindet sich ein Schwarzes Loch, das vermutlich rund 100 Millionen Mal massereicher als unsere Sonne ist.

Bis 1924 galten Andromeda und die anderen Galaxien am Himmel als Spiralnebel, die vermeintlich zur Milchstraße gehören. Dann konnte der US-Astronom Edwin Hubble die Entfernung dieser Objekte abschätzen. Dafür nutzte er Cepheiden – Sterne, die regelmäßig ihre Helligkeit verändern. Die Astronomin Henrietta Leavitt hatte 1912 entdeckt, dass sich mit diesen Sternen Entfernungen bestimmen lassen. Frau Leavitts Cepheiden machten schlagartig klar, dass Andromeda weit außerhalb der Milchstraße liegt. Leider hat sie diesen Triumph nicht mehr erlebt – sie ist 1921 mit nur 53 Jahren gestorben.

Unsere Milchstraße und die Andromedagalaxie nähern sich. In rund vier Milliarden Jahren ziehen sie knapp aneinander vorbei. Vielleicht verschmelzen sie sogar – das wird spannend!

GALAXIE MIT BLOSSEM AUGE

Andromeda ist das fernste für uns ohne Teleskop sichtbare Objekt: Das Licht des ovalen Nebelflecks, wie wir es heute sehen, hat sich zu Beginn der Altsteinzeit auf den Weg gemacht.

FERNER RIESENNEBEL

Stünde NGC 604 an der Stelle des Orionnebels (siehe 33), so würden am gesamten Winterhimmel Gasschwaden glühen. Doch dieses Sternentstehungsgebiet ist 2000-mal weiter entfernt.

58 DIE MEGA-STERNFABRIK IM DREIECK

Diese gewaltige Ansammlung von Gas, Staub und Sternen (NGC 604) gehört zu einem Spiralarm der Galaxie M 33 (unten). Sie ist ein gigantisches Sternentstehungsgebiet, das sich über rund 1200 Lichtjahre erstreckt – in unserer kosmischen Nachbarschaft ist nur der Tarantelnebel (siehe 55) noch etwas größer.

In den Gas- und Staubmassen von NGC 604 sind schon mehr als 200 der heißesten und massereichsten Sterne entstanden. Manche haben über 100-fache Sonnenmasse. Mit ihrer intensiven Strahlung blasen sie gewaltige Hohlräume in den Wolkenkomplex, wie auf dieser Aufnahme des James-Webb-Teleskops gut zu sehen ist. Die größten Sterne haben nur so kurz gelebt, dass sie bereits als Supernova explodiert sein dürften. Die Sternfabrik läuft auf Hochtouren und produziert auch tausende masseärmerer Sterne ähnlich der Sonne. Gelblich-weiß ist glühender Wasserstoff dargestellt – aufgeheizt von den jungen Sternen. Wolken, die viele Kohlenwasserstoffverbindungen enthalten, erscheinen orange-rötlich. Diese chemischen Stoffe spielen eine bedeutende Rolle bei der Entstehung von Sternen und Planeten – aber ihre Herkunft ist noch immer ein Rätsel. Dunkelrot erscheint kühler Wasserstoff, der wichtigste Rohstoff künftiger Sterne. James Webb zeigt mit seinen Infrarotkameras die Vorgänge in diesem Nebel so genau wie nie zuvor.

Der glühende Wolkenkomplex ist nur drei Millionen Jahre alt. In einigen Millionen Jahren wird das meiste Gas verbraucht sein – dann stellt die Sternfabrik die Arbeit ein. Der helle Stern mit den markanten Beugungsstrahlen befindet sich weit im Vordergrund und gehört zu unserer Milchstraße.

M 33, UNSER KLEINER NACHBAR Diese Galaxie (2,7 Millionen Lichtjahre entfernt, Sternbild Dreieck) ist nur halb so groß wie die Milchstraße. NGC 604 ist der pinkfarbene Fleck links (Pfeil).

59 DOPPELGÄNGER DER MILCHSTRASSE

Bei dieser Galaxie blicken wir genau ins „Gesicht“ (face-on). Somit sind der Balken im Zentrum und die Spiralarme besonders gut zu sehen. Die Balkenspirale UGC 12158 befindet sich 400 Millionen Lichtjahre entfernt im Sternbild Pegasus. Ihr Durchmesser beträgt gut 160.000 Lichtjahre.

Vor einigen Jahren kamen Fachleute zu dem Schluss, dass dieses Objekt ein nahezu perfektes Spiegelbild unserer Milchstraße sein könnte. Allerdings ist bei solchen Bewertungen immer Vorsicht geboten: Das Aussehen einer Galaxie von außen zu beurteilen, ist sehr einfach. Aber es ist sehr schwierig, wenn man sich selbst in der Galaxie befindet. Mitten in der Milchstraße ergeht es uns in etwa so, als säßen wir in einem Haus, bei dem wir nur aus dem Fenster blicken können. Dann sind die Nachbarhäuser bestens zu beobachten – aber wie das eigene Haus aufgebaut ist, lässt sich nur indirekt erschließen.

Die Doppelgänger-Galaxie zeigt drei bis vier Spiralarme. Diese Arme sind keine starren Gebilde. Sie verändern sich im Laufe von vielen Millionen Jahren, während die Galaxie rotiert und Staubwolken und Sterne sich immer wieder etwas anders anordnen. Das gilt auch für den Balken im Zentrum, der bei vielen Galaxien zu sehen ist. Durch solche Balken bewegen sich offenbar Sterne Richtung Zentrum. Die Balken lösen sich mit der Zeit auf – dann werden die Galaxien zu reinen Spiralen.

Wir Menschen sind kosmische Eintagsfliegen und sehen nur, wie der Kosmos gerade jetzt aussieht. Dass sich Galaxien über Millionen Jahre stark verändern, zeigen aber Simulationsrechnungen im Computer.

VERDREHTE STAUBSCHEIBE Die Galaxie ESO 510-G13 (140 Mio. Lichtjahre entfernt, Wasserschlange, Hubble) ist noch stärker verbogen als unsere Milchstraße (siehe Seite 67)

STRAHLENDE SUPERNOVA

2004 ist in dieser Galaxie ein Stern explodiert (Pfeil) – entdeckt von britischen Amateurastronomen. Schon „bald“ leuchtet Beteigeuze (siehe 47) so hell in unserer Milchstraße.

60 DAS GEWIMMEL DER ZWERGGALAXIEN

Prachtvolle, große Galaxien sind keineswegs alles: Allein zu unserer Milchstraße gehören mehr als 50 Satelliten-Galaxien. Diese Objekte sind unregelmäßig geformt und enthalten zwischen einigen zehntausend und etlichen Milliarden Sterne. Im Gewimmel des Universums sind diese lichtschwachen Zwerge oft schwer zu entdecken – auf den ersten Blick erscheinen viele eher als versprengte Sternhaufen.

NGC 3738 (rechte Seite oben; zwölf Millionen Lichtjahre entfernt, Großer Bär) erstreckt sich über 10.000 Lichtjahre – das ist nur ein Zehntel des Durchmessers unserer Milchstraße. Doch die kleine Galaxie hat es in sich: Dort entstehen gerade fast explosionsartig neue Sterne. Sie lassen die Gaswolken der Umgebung rötlich glühen, genau wie im Tarantelnebel (siehe 55).

PGC 51017 (rechte Seite unten; Entfernung 45 Millionen Lichtjahre, 10.000 Lichtjahre groß) leuchtet bläulich im Bootes. Auch in dieser Galaxie glühen große Sternentstehungsgebiete. Im Hintergrund sind viele sehr weit entfernte Galaxien zu sehen.

Alle Bilder dieser Doppelseite hat das Hubble-Teleskop aufgenommen. Fachleute interessieren sich für Zwerggalaxien, weil diese vermutlich den ersten Galaxien ähneln, die sich kurz nach dem Urknall vor rund 13 Milliarden Jahren gebildet haben. Offenbar sind sie die meiste Zeit recht isoliert gewesen. Sie bestehen aus der ursprünglichen kosmischen Materiemischung, als es noch nicht viele schwere Elemente gab, die in ausgebrannten Sternen entstanden sind. Mit Zwerggalaxien lässt sich etwas darüber lernen, wie sich Sterne und Galaxien in den Anfängen des Kosmos entwickelt haben.

FAST NUR EIN STERNHAUFEN
Die Galaxie ESO 245-5 (15 Mio. Lichtjahre entfernt, Phoenix) hat keine erkennbare Struktur und erstreckt sich über 10.000 Lichtjahre. Sie ähnelt den Magellanschen Wolken.

ZWERGE IN DER ÜBERZAHL

Große Spiralgalaxien sind die Topstars im All und auch weit entfernt zu beobachten. Doch es gibt tausende Mal mehr Zwerggalaxien – nur werden diese schwachen Objekte oft übersehen.

MÉCHAIN UND MESSIER

Pierre Méchain hat 1781 diese Galaxie entdeckt. Er teilte ihre Position seinem Freund Charles Messier mit, der sie als 101. Objekt in seinen Nebel-Katalog aufnahm – daher M 101.

61 GALAKTISCHES FEUERRAD MIT SUPERNOVA

Strudel, Whirlpool, Feuerrad, Kreisel – was auch immer: M 101 im Sternbild Großer Bär ist eine überwältigende Spiralgalaxie. Wir blicken ihr genau ins „Gesicht". Zudem ist sie mit 22 Millionen Lichtjahren Entfernung vergleichsweise nah – und mit 170.000 Lichtjahren Durchmesser deutlich größer als unsere Milchstraße. Das Zentrum und die Spiralarme sind in atemberaubender Detailfülle zu bestaunen.

Die Galaxie ist allerdings nicht ganz symmetrisch. Wie diese Hubble-Aufnahme zeigt, sind links die Spiralarme etwas aufgebogen und auseinandergezogen. Das macht eine Galaxie nicht freiwillig. Andere Galaxien in der Umgebung, die aber nicht im Blickfeld liegen, zerren mit ihrer Anziehungskraft an M 101. In der Mitte der Galaxie erscheinen die Sterne eher rötlich, in den Armen dagegen eher bläulich. Bei den meisten Galaxien befinden sich im Zentralbereich viele Sterne, die schon mehr als fünf Milliarden Jahre alt sind und eher rötlich leuchten. Dagegen entstehen in den Spiralarmen voller Gas und Staub immer wieder neue Sterne, die anfangs sehr energiereich bläulich strahlen.

Offenbar gehört M 101 zu den wenigen großen Galaxien, die kein massereiches Schwarzes Loch mit millionenfacher Sonnenmasse im Zentrum haben. Der Kernbereich dieser Galaxie ist zudem eher flach – dort gibt es keine zentrale Verdickung. Allerdings sind in den Spiralarmen einige kleinere Schwarze Löcher bekannt. Dieses Objekt nahe der Deichsel des Großen Wagens macht deutlich, dass Galaxien zwar wunderschön anzusehen sind, aber noch immer in vielem völlig rätselhaft.

SUPERNOVA-FABRIK 2011 (links) und 2023 kam es in M 101 zu gewaltigen Sternexplosionen. Beim Blick „von oben" auf eine Galaxie sind diese Ausbrüche besonders gut zu sehen.

GESTÖRTE GALAXIE

Der obere Spiralarm liegt eng am Balken an und ist fast zweigeteilt; der untere steht weiter ab. Ein klares Zeichen, dass andere Galaxien mit ihrer Anziehungskraft NGC 1300 verbiegen.

62 DAS MEISTERWERK EINER BALKENGALAXIE

Die Galaxie NGC 1300 verfügt zwar über zwei Spiralarme, aber die sind eher schmückendes Beiwerk für den riesigen Balken. Er erstreckt sich über mehr als 50.000 Lichtjahre, ist also halb so lang wie unsere Milchstraße. Diese Galaxie – ein Prototyp für Balkenspiralen – befindet sich 60 Millionen Lichtjahre entfernt im Sternbild Eridanus. Das Licht, das wir jetzt von NGC 1300 empfangen, hat sich auf den Weg gemacht, als auf der Erde gerade die Dinosaurier ausgestorben waren.

Diese Hubble-Aufnahme zeigt vor allem gelbliche Sterne im Balken. Dort sind die Sterne schon etliche Milliarden Jahre alt. Dagegen gibt es in den Spiralarmen viele rote und blaue Riesensterne. In den pinkfarbenen Gaswolken entstehen gerade Sterne. Dunkle Staubschwaden verraten, wo sich weiterer Rohstoff für kommende Sterngenerationen befindet. In der Mitte der Galaxie zeigt der Staub einen Materiestrudel. Dort laufen die Gasmassen spiralförmig vom Rand des Balkens auf das Zentrum zu. Diese Mini-Spirale hat gut 3000 Lichtjahre Durchmesser.

Ob es in NGC 1300 ein extrem massereiches Schwarzes Loch im Zentrum gibt, ist noch unklar. Das Zentrum leuchtet nicht besonders hell, ganz anders als bei M 77 (siehe 63). Entweder gibt es dort kein großes Schwarzes Loch oder es ist gerade auf Diät und bekommt kaum Gas und Sterne ab.

Im Hintergrund sind viele kleine Spiralgalaxien zu sehen. Manche schimmern sogar durch die Randbereiche von Balken und Spiralarmen hindurch. Diese Objekte sind oftmals mehr als eine Milliarde Lichtjahre entfernt.

GLÜHENDER BALKEN In NGC 1808 (40 Mio. Lichtjahre entfernt, 70.000 Lichtjahre groß, Sternbild Taube, 4-Meter-Teleskop Tololo) entstehen massenhaft Sterne, vermutlich angeregt durch die enge Begegnung mit einer anderen Galaxie.

63 DAS GLEISSEND HELLE SCHWARZE LOCH

Aus dem Zentrum der Galaxie M 77 scheinen Lichtstrahlen zu schießen. Wir sehen auf einen aktiven galaktischen Kern, wie Fachleute sagen: Dort befindet sich ein Schwarzes Loch, das acht Millionen Mal mehr Masse hat als unsere Sonne. Es verschlingt Unmengen an Gas, Staub und Sternen. Doch bevor dieses Material im Schwarzen Loch verschwindet, leuchtet es hell auf.

Die Umgebung des Schwarzen Lochs strahlt so stark, dass sie im James-Webb-Teleskop ein Beugungsmuster verursacht. Die acht hellen Strahlen, die dieser Galaxie fast ein gespenstisches Aussehen geben, haben nichts mit M 77 zu tun. Sie entstehen im Teleskop, wenn das Licht die optischen Bauteile passiert: die Kanten der sechseckigen Spiegelsegmente und die Stangen, die den kleinen Sekundärspiegel halten. Beugungsstrahlen fallen nur bei hellen punktförmigen Quellen auf – gewöhnlich sind das Sterne. Doch der Kern dieser Galaxie im Sternbild Walfisch ist so hell, dass auch er für das markante Muster sorgt. Somit ist direkt zu sehen, dass das Schwarze Loch im Zentrum sehr aktiv ist.

M 77 befindet sich 45 Millionen Lichtjahre entfernt, ist also astronomisch gesehen recht nah. Auf dieser Webb-Infrarotaufnahme erscheinen Gas- und Staubwolken blau. Sie leuchten nicht im sichtbaren Licht, geben aber Wärmestrahlung ab, die Webb erfasst. Orangefarben sind heiße Gebiete, in denen fast explosionsartig Sterne entstehen. Rund um den Balken im Zentrum der Galaxie hat sich ein Ring junger Sterne gebildet. Im Kern der Galaxie findet gerade ein großes Fressen statt – und das lässt das Schwarze Loch grell leuchten.

NOCH EIN SCHWARZES LOCH
Auch NGC 7469 (90.000 Lichtjahre groß, 220 Millionen Lichtjahre entfernt, Pegasus, Webb) hat einen strahlenden Kern: Dort „arbeitet" ein Schwarzes Loch.

DAS SEEUNGEHEUER

Beim Sternbild Walfisch zucken Zoologen zusammen: Wale sind keine Fische. Aber diese Figur heißt so. Mythologisch ist es das Seeungeheuer Ketos, eine Mischung aus Wal und Drache.

64 DAS KOSMISCHE AUGE

Die Spiralgalaxie NGC 2566 (76 Millionen Lichtjahre entfernt, Sternbild Hinterdeck) erinnert an ein Auge. Auf dieser Webb-Infrarotaufnahme sticht der „Augapfel" hervor – der aktive Kern dieser Galaxie. Dort befindet sich ein Schwarzes Loch, das derzeit viel Materie verschlingt und so seine Umgebung intensiv leuchten lässt.

Bläulich erscheint der warme Staub in dieser Galaxie, die etwas kleiner als unsere Milchstraße ist. Im sichtbaren Licht sind diese Gasschwaden einfach dunkel. Aber sie geben Wärmestrahlung ab, die James Webb mit seinen Kameras erfasst. In diesen Wolken kommen große Mengen an Molekülen vor, die Kohlenstoff und Wasserstoff enthalten. Diese Teilchen stehen am Anfang vieler chemischer Prozesse im All – wenn alles gut läuft, entsteht irgendwann sogar Leben. In den weißlichen Flecken bilden sich aus Gas und Staub neue Sterne.

Während das Hubble-Teleskop zumeist im sichtbaren Licht den Kosmos erforscht, nutzt James Webb vor allem die Infrarot- oder Wärmestrahlung. Damit geht der Blick tief hinein in dicke Staubwolken.

HINTER DER FASSADE

Beim PHANGS-Projekt erforscht ein internationales Webb-Team im Infraroten, was in Galaxien hinter der leuchtenden Fassade vor sich geht – also wie aus Gas und Staub Sterne werden.

65 GALAKTISCHES GETRIEBE

WEBBS EISKALTE TECHNIK

Ein Filterrad des MIRI-Instruments hat das Max-Planck-Institut für Astronomie gemeinsam mit dem Unternehmen Hensoldt gebaut. Die Mechanik darf auch bei −266°C nicht einfrieren!

Die „Phantom-Galaxie" M 74 befindet sich 32 Millionen Lichtjahre entfernt im Sternbild Fische. Diese Infrarotaufnahme von James Webb, die sich über gut 30.000 Lichtjahre erstreckt, zeigt die Galaxie buchstäblich in anderem Licht. Die vielen blauen Punkte im Zentrum sind alte Sterne. Die kältesten Gas- und Staubmassen, die oft Temperaturen von unter −200 Grad Celsius haben, erscheinen bräunlichgrau. Weiß-bläulich sind die wärmeren Bereiche dargestellt, in denen viele Sterne entstehen. Die pinkfarbenen Wolken sind regelrechte Sternfabriken.

Webb macht solche Bilder mit seiner MIRI-Kamera. Im sichtbaren Licht ist sie „blind", dafür aber im Infrarotbereich extrem empfindlich. Es klingt absurd, aber auch −230 Grad Celsius kalte Wolken geben Infrarotlicht ab. Um sie zu erfassen, wird dieses Instrument im Teleskop auf −266 Grad Celsius gekühlt, nur sieben Grad über dem absoluten Nullpunkt! Webbs eiskalter Blick zeigt die Galaxien, wie sie hinter den leuchtenden Fassaden sind – er geht hinein in den galaktischen Maschinenraum.

SCHWARZ, ABER KEIN LOCH

Schwarze Löcher sind keineswegs Nichts: In ihnen ist die Materie unvorstellbar dicht gepackt. Ihre Anziehungskraft ist so stark, dass nicht einmal Licht entkommt.

66 BIG BOSS IM VIRGO-HAUFEN

Auf den ersten Blick erscheint M 87 im Sternbild Jungfrau (lateinisch Virgo) unspektakulär als neblige Wolke. Tatsächlich aber ist es eine riesige Galaxie ohne ausgeprägte Scheibe oder Spiralarme. Fachleute sprechen von einer elliptischen Galaxie. Mit einem Durchmesser von rund 200.000 Lichtjahren ist sie doppelt so groß wie die Milchstraße. M 87 enthält drei Billionen Sonnenmassen, ist also mehr als zehnmal massereicher als unsere kosmische Heimat. Wie eine dicke Spinne im Netz sitzt M 87 (55 Millionen Lichtjahre entfernt) in der Mitte des gewaltigen Virgo-Galaxienhaufens. Um sie schwirren gut 13.000 Kugelsternhaufen (siehe 52). Die meisten sind Überreste verschlungener Galaxien.

Diese Hubble-Aufnahme zeigt einen Gasschlauch, der sich von der Mitte der Galaxie aus über mehr als 3000 Lichtjahre erstreckt. Das ist Materie, die aus der Umgebung des Schwarzen Lochs in einem engen Kegel (Jet) ins All geschleudert wird. Gas, Staub und Sterne, die in Richtung des Galaxienzentrums stürzen, bilden eine glühende Materiescheibe, die sich um das Schwarze Loch dreht. Nicht das gesamte Material verschwindet – manches wird fast lichtschnell senkrecht nach oben und unten ausgestoßen. Der zweite Jet ist nicht zu sehen.

Das Schwarze Loch von M 87 hat mehr als sechs Milliarden Sonnenmassen. Doch selbst Hubble und Webb können so ein Objekt nicht sehen, denn dafür ist es viel zu klein. 2019 wurde dennoch ein „Bild" des Schwarzen Lochs präsentiert – eine Weltsensation. Man hatte Radioteleskope auf mehreren Kontinenten zusammengeschaltet und konnte so den „Schatten" erahnen (siehe auch 28).

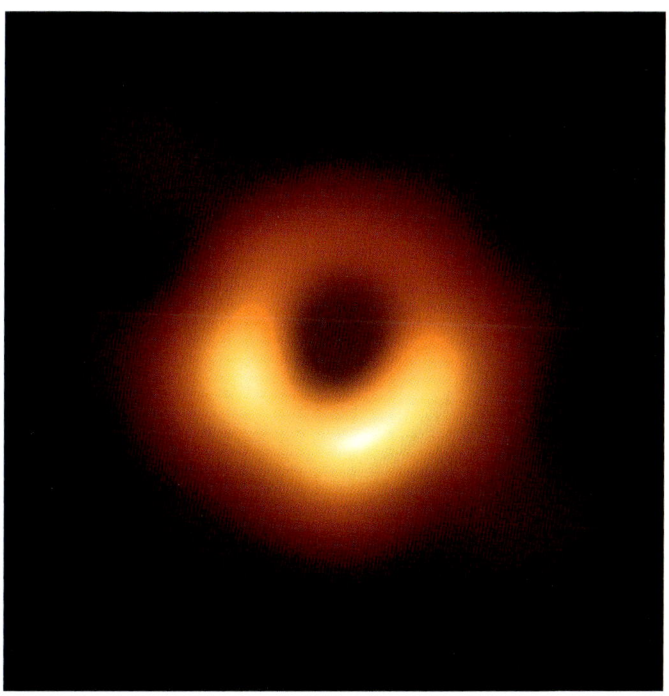

SENSATIONELL SCHARF
Das Schwarze Loch in M 87 direkt zu beobachten, ist eine Meisterleistung. Am Himmel erscheint es nur so „groß" wie eine Kirsche auf dem Mond!

67 SILBERGALAXIE IN SEITENLAGE

Das „Feuerrad" M 101 (siehe 61) ist ein Paradebeispiel für eine Galaxie, der wir direkt „ins Gesicht" blicken – NGC 891 (30 Millionen Lichtjahre entfernt, Andromeda) ist hingegen das genaue Gegenteil: Diese Galaxie sehen wir perfekt in Kantenlage, Fachbegriff „edge-on". Die flache Scheibe der leuchtenden Sterne ist gut zu erkennen, ebenso der dickere Bereich rund um das Zentrum. Besonders markant ist aber der Staub in der Ebene dieser Galaxie. Er verschluckt das Licht vieler Objekte dahinter. Eine Kantengalaxie erinnert an die Gaia-Karte unserer Milchstraße (siehe 26) oder das von Staubwolken geteilte Band am Himmel (siehe 23). Da wir uns mit der Erde und der Sonne selbst in der Scheibe des Milchstraßensystems befinden, blicken wir unserer Heimatgalaxie auch auf die Kante.

Im englischsprachigen Raum trägt diese Galaxie den Beinamen „Silbersplitter", weil sie wie ein feines Stück Silber am Himmel schwebt. Der Splitter bringt es auf eine Länge von 125.000 Lichtjahren. Auf diesem Foto des 4-Meter-Mayall-Teleskops der Kitt-Peak-Sternwarte in Arizona sind etliche rötliche Flecken in der Galaxie zu erkennen. Das sind Gebiete, in den gerade viele Sterne entstehen. Sie regen das umgebende Wasserstoffgas zum roten Leuchten an.

NGC 891 hat einige Begleiter, ähnlich unseren Magellanschen Wolken (siehe 56). Sie sind als kleine neblige Flecke direkt ober- und unterhalb der Scheibe zu sehen. Die vielen Sterne im Blickfeld stehen dagegen weit im Vordergrund: Sie gehören zu unserer Milchstraße und sind nur einige tausend Lichtjahre entfernt, nicht Millionen wie die Galaxie.

FLACHER WINKEL Nicht ganz auf die Kante geht der Blick des 2,2-Meter-ESO-Teleskops bei der Spiralgalaxie NGC 253 (11 Millionen Lichtjahre entfernt, 60.000 Lichtjahre groß, Bildhauer).

DER HIMMELS-KATALOG

Die NGC-Nummern vieler Objekte beziehen sich auf den Neuen Generalkatalog des dänischen Astronomen Johan Ludvig Dreyer von 1888. Er verzeichnet 7840 Nebel, Galaxien und Sternhaufen.

68 BALKENSPIRALE MIT AKTIVEM KERN

Man nehme einen Balken, setze ein massereiches Schwarzes Loch hinein, rühre Sterne und Staub zu schönen Spiralarmen zusammen, garniere das alles mit einem hellen Stern in der Nähe und streue ein paar ferne Galaxien darüber: Fertig ist ein atemberaubendes Foto des Universums! Das alles zeigt die Hubble-Aufnahme der Galaxie NGC 3783, die sich 130 Millionen Lichtjahre entfernt im Sternbild Zentaur befindet.

Diese Galaxie ist etwa so groß wie die Milchstraße. Aber anders als unsere Heimatgalaxie hat sie einen aktiven Kern. Dort befindet sich ein Schwarzes Loch mit fast dreimillionenfacher Sonnenmasse, das offenbar gerade viele Sterne und große Mengen an Gas und Staub verschlingt. Dadurch erscheint es extrem hell. Es sind sogar die Beugungslinien zu erkennen, was bei solchen Objekten extrem selten ist. Die zeigen sich nur bei hellen punktförmigen Objekten – das sind in der Regel Sterne.

Beim grellen Stern links oben ist das Beugungsmuster viel auffälliger. Er ist gerade einmal 1530 Lichtjahre entfernt, Teil unserer Milchstraße und steht weit im Vordergrund. Für dieses Bild wurden Aufnahmen verschiedener Filter kombiniert. Weil das Hubble-Teleskop bei den Belichtungen jeweils etwas anders ausgerichtet war, sind die blauweißen und roten Linien versetzt.

Auf diesem Bild fällt viel „Beifang" auf: Etliche Galaxien, die weit im Hintergrund liegen, verteilen sich rund um NGC 3783: Manche sind Spiralen, andere zeigen ihre Kante, wieder andere sind unregelmäßig geformt. Viele dieser Objekte sind mehr als eine Milliarde Lichtjahre entfernt.

GALAXIENGRUPPE

NGC 3783 zieht als Teil einer losen Gruppe von rund 50 Galaxien durch das All, ähnlich wie die Milchstraße. Gemeinsam mit Andromeda, M 33 & Co. gehören wir zur „Lokalen Gruppe".

STERN-PARTY BALD VORBEI

In etwa 30 Millionen Jahren haben die jungen Sterne den restlichen Rohstoff weggeblasen. Dann stoppt die Sternproduktion. Gemessen am Galaxienalter ist die „Starburst"-Phase sehr kurz.

69 GALAXIEN-WETTER: SEHR STÜRMISCH!

M 82 befindet sich zwölf Millionen Lichtjahre entfernt im Großen Bären. Bei ihr geht der Blick fast genau auf die Kante. Dank dieser Perspektive sehen wir die Gas- und Staubwolken in allen Details, die nach oben und unten aus der Ebene der Galaxie herausschleudern – ähnlich den Fermi-Blasen der Milchstraße (siehe 29). Diese Hubble-Aufnahme macht sofort klar, dass M 82 eine Galaxie ist, in der es alles andere als ruhig zugeht.

Dort entstehen zehnmal mehr Sterne als in unserer Milchstraße. Man spricht von einem „Starburst", einem „Sternausbruch". Die vielen jungen Sterne schleudern intensive Strahlung und energiereiche Teilchen ins All. Die massereichsten sind schon als Supernova explodiert und haben ihre Asche in die Umgebung abgegeben. Dies alles führt dazu, dass die „Sternwinde", wie Fachleute sagen, dort fast in Orkanstärke wehen. Sie haben bereits große Mengen Wasserstoffgas aus der Scheibe der Galaxie herausgetrieben – sichtbar als rot leuchtende Wolken. Die chaotische Struktur mit vielen Gasfetzen und Hohlräumen lässt erahnen, wie sie von der Strahlung der Sterne „bearbeitet" werden.

In der Galaxienebene sind an vielen Stellen kleine blaue Flecken zu sehen. Das sind Sternhaufen, die rund 20 Lichtjahre groß sind und bis zu einer Million Sterne enthalten. Manche dieser „Super-Sternhaufen" entwickeln sich womöglich zu Kugelsternhaufen (siehe 52). Keine andere „Starburst"-Galaxie ist uns so nah – daher lassen sich dort viele Stadien der Sternentwicklung bestens beobachten. M 82 ist das perfekte Stern- und Galaxienlabor.

ZWERG AUF HOCHTOUREN NGC 5253 (11 Millionen Lichtjahre entfernt, 15.000 Lichtjahre groß, Zentaur, Hubble) produziert extrem viele Sterne. Sie schleudern Gas und Staub (rot) in die Umgebung.

70 GALAXIE MIT MIKROWELLEN-LASER

Die Spiralgalaxie M 106 hat einen Durchmesser von 130.000 Lichtjahren und leuchtet im Sternbild Jagdhunde. Kurz gesagt: Dort tobt das Universum. Im Zentrum befindet sich ein Schwarzes Loch, das etwa zehnmal schwerer ist als das in unserer Milchstraße. Es verschlingt Sterne und Gaswolken. Von ihm gehen Materiejets aus, die quer durch die Galaxienscheibe schießen und das Gas extrem aufheizen.

M 106 hat zwei Spiralarme, die – wie üblich – aus Gas, Staub und Sternen bestehen. Zudem gibt es zwei weitere, die auf dieser Aufnahme des Hubble-Teleskops als rote Wolken erscheinen. Diese Spiralarme enthalten nur extrem heißes Gas und ragen aus der Galaxienebene heraus. Am besten sind sie bei Beobachtungen im Röntgen- und Radiobereich zu erkennen (kleines Bild).

Wie man sieht, ist schon viel Material aus der Galaxienscheibe herausgeblasen worden. Geht das so weiter, stoppt in spätestens 300 Millionen Jahren die Sternproduktion in M 106.

Nahe dem Galaxienzentrum strahlen Wolken, die viele Wassermoleküle enthalten, besonders intensiv (hier nicht zu sehen). Fachleute sprechen von Masern – das sind Laser im Mikrowellenbereich. Mit Radioteleskopen lässt sich bestens erfassen, auf welcher Bahn die Maser-Wolken um das Schwarze Loch im Zentrum ziehen. Dadurch leiten Astronomen den Abstand von M 106 direkt über reine Geometrie ab – und nicht über diverse Zwischenschritte. Diese Galaxie ist etwa 24,8 Millionen Lichtjahre entfernt. Der Befund ist extrem wichtig, um die Ausdehnungsgeschwindigkeit (Hubble-Konstante) des Universums zu bestimmen (siehe 90).

TURBULENTE GALAXIE Die Daten des Karl-Jansky-VLA-Radioteleskops (violett) und des Chandra-Röntgensatellit (blau) zeigen, wie dynamisch es in M 106 zugeht. Das Gas ist Millionen Grad Celsius heiß.

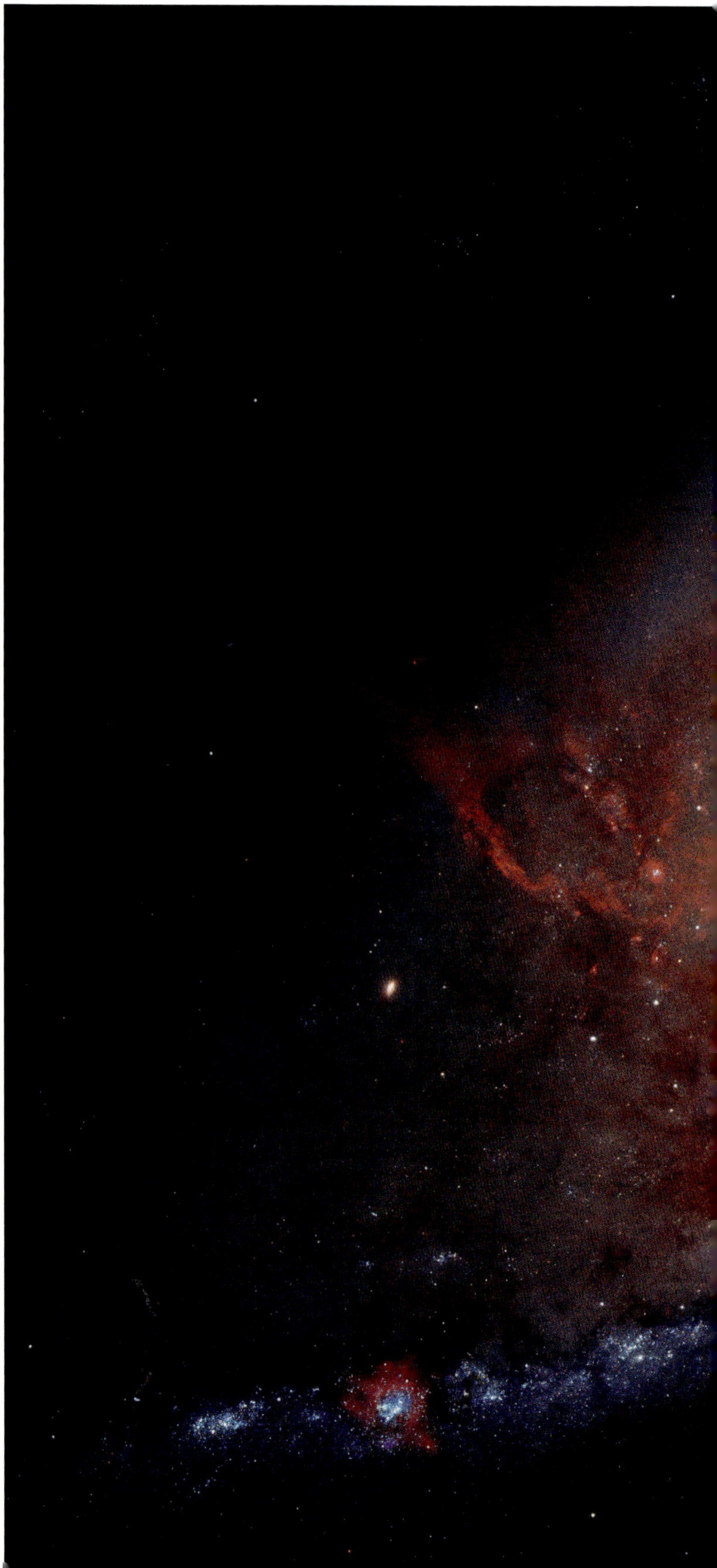

KOSMISCHER URMETER

Der Lichtwechsel veränderlicher Sterne und Supernova-Explosionen verrät die Entfernungen der Galaxien. Mit den Wasser-Masern in M 106 lassen sich diese Methoden bestens eichen.

71 GALAXIENFEUERWERK AUF DER GRENZE

Die Galaxie NGC 6946 ist eine nahezu perfekte Spirale. Dieses Objekt – etwa 23 Millionen Lichtjahre entfernt und gut 75.000 Lichtjahre groß – hat allenfalls einen extrem kleinen Balken im Zentrum. Es befindet sich an einer etwas kuriosen Position am Himmel, genau auf der Grenze zwischen den Sternbildern Schwan und Kepheus. Der Kern der Galaxie liegt knapp im Schwan. Natürlich ist es der Galaxie herzlich egal, welche „Adresse" wir ihr zuschreiben. Unsere Sternbilder entspringen allein der menschlichen Fantasie. Sie dienen der Orientierung am Himmel, haben aber nichts mit den Tiefen des Kosmos zu tun.

NGC 6946 zeigt uns genau ihr Gesicht. Daher sind auf dieser Aufnahme mit dem 4-Meter-Teleskop des Kitt-Peak-Observatoriums in Arizona viele Details gut zu erkennen. Allerdings wäre diese Galaxie noch brillanter, stünde sie nicht nahe der Ebene unserer Milchstraße. Ihr Licht wird auf dem Weg zu uns durch Gas- und Staubmassen ein wenig gedämpft – in etwa so, als sähen wir die Spiralarme durch eine getönte Brille.

Trotzdem ist auf den ersten Blick zu erkennen, dass NGC 6946 eine Galaxie mit viel „Action" ist. In den Spiralarmen leuchten fast überall rot glühende Wolken – Gebiete, in denen gerade viele Sterne entstehen. Dort bilden sich auch viele sehr massereiche Sterne, die schon nach wenigen Millionen Jahren als Supernova explodieren.

Seit 1917 hat man in NGC 6946 zehn Supernova-Ausbrüche beobachtet. Daher sprechen manche von der „Feuerwerks-Galaxie". Immer wieder kracht und blitzt es in dieser Spirale.

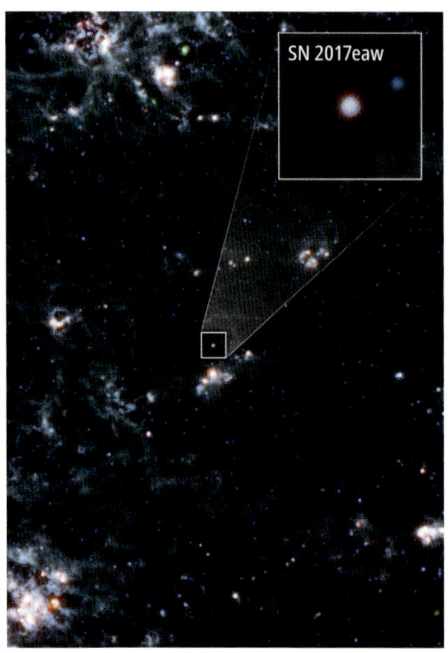

STAUBMASCHINEN Webb hat im Infraroten die Überreste der Supernovae von 2004 (links) und 2017 beobachtet. Die ältere hat mindestens die 5000-fache Erdmasse an Staub ins All geblasen – winzige Körnchen, die Kohlenstoff, Silizium, Eisen etc. enthalten.

2 VON 88 STERNBILDERN

1930 hat die Internationale Astronomische Union den gesamten Himmel in 88 Sternbilder mit klar definierten Rändern eingeteilt. NGC 6946 „wohnt" direkt auf einer Grenzlinie.

72 DIE HIMMLISCHE ROSE

Arp 273 besteht aus zwei Galaxien, die sich etwa 300 Millionen Lichtjahre entfernt im Sternbild Andromeda befinden. Vor rund 30 Millionen Jahren ist die untere durch die obere hindurch gerauscht. Dabei wurde sie etwas in die Länge gezogen – und die obere ziemlich verbogen. Im Moment erinnern die beiden an den Stiel und die Blüte einer Rose. Die Kerne der beiden Galaxien sind etwa 100.000 Lichtjahre voneinander entfernt.

Durch die kosmische Kollision erblühen zahlreiche neue Sterne: Auf dieser Hubble-Aufnahme zeigen sie sich als helle blaue Flecken in manchen Bereichen der Spiralarme und nahe dem Zentrum der „Stiel-Galaxie". Die Gas- und Staubwolken in beiden Partnern wurden kräftig „durchgeschüttelt" und sind zu Sternen (und sicher auch Planeten!) zusammengestürzt. Wären wir Planet eines Sterns in diesen Galaxien, so böte der Himmel einen überwältigenden Anblick! Im Laufe einiger hundert Millionen Jahren wird Arp 229 zu einer größeren Galaxie verschmelzen – dann ist die himmlische Rose verblüht.

HALTON ARP

Der US-Astronom hat 1966 seinen legendären „Katalog der ungewöhnlichen Galaxien" veröffentlicht. Die 338 Arp-Objekte, zumeist Kollisionen, sind extrem beeindruckend.

73 FRONTALCRASH IM ALL

HALBES HERZ

Die linke Galaxie von Arp 107 erscheint wie ein sauber halbiertes Herz. Die beiden Galaxien wirken zusammen wie ein etwas verschmitzt blickendes Gesicht – „Seht her, freut euch!"

Die beiden Galaxien von Arp 107 (465 Millionen Lichtjahre entfernt, Kleiner Löwe) befinden sich mitten in einem dramatischen Kollisionsgeschehen. Bei der linken, größeren wurde ein Spiralarm komplett aufgebogen und nahe dem Zentrum zeugt eine fast rechtwinklig gebogene Staubwolke von den enormen Kräften, die vor Ort wirken. Die rechte hat fast alle Strukturen verloren und erscheint komplett durchgemischt.

Beide Objekte – knapp 300.000 Lichtjahre voneinander entfernt – sind durch eine Materiebrücke verbunden. Die blau glühenden Flecken sind Bereiche, in denen kürzlich neue Sterne aufgeflammt sind. Im Zentrum der linken Galaxie befindet sich ein extrem massereiches Schwarzes Loch, das viel Gas und Sterne schlingt.

Der glatte Durchschuss der beiden wird nicht der letzte sehr enge Kontakt gewesen sein. Bei solchen Kollisionen tanzen die Partner regelrecht umeinander – allerdings wie in Super-Zeitlupe. Nach einigen weiteren Begegnungen könnten sie in gut einer Milliarde Jahren zu einer Einheit verschmelzen.

74 DIE ANTENNEN-GALAXIEN

Diese Hubble-Aufnahme zeigt perfekt, was eine enge Begegnung zweier Galaxien anrichten kann. Im Sternbild Rabe kollidieren gerade eine ehemalige Balkenspirale und eine frühere Spirale. Beide Objekte sind durch die gegenseitige Anziehung stark verformt. Fast scheint, als würden sie miteinander ringen. Dabei werden die dunklen Staubschwaden durchgerührt. Es bilden sich massenhaft neue Sterne, die intensiv blau leuchten.

Zugleich schießen zwei Ströme aus vielen Sternen aus den Galaxien hinaus. Sie erinnern an die Form von Fühlern oder Antennen von Insekten, was dem Galaxienpaar seinen Namen eingebracht hat. Die Antennen sind erst bei einem größeren Blickfeld (unten) gut zu erkennen. Diese Kollision ereignet sich etwa 65 Millionen Lichtjahre entfernt. Das Licht, das wir jetzt von dort empfangen, hat sich auf den Weg gemacht, als die Dinosaurier im Todeskampf waren.

Das Szenario dürfte vor etwa einer Milliarde Jahre begonnen haben. Beide Galaxien näherten sich an, haben sich durchdrungen und die Entstehung der Sterne anregt. Diese Aufnahme des „Trümmerfelds" erstreckt sich über rund 50.000 Lichtjahre. In gut 400 Millionen Jahren werden die beiden wohl zu einer großen Galaxie verschmolzen sein. Vermutlich ist dann das Gas verbraucht – und im Rabe steht eine weitere große elliptische Galaxie. Womöglich sehen unsere Milchstraße und die Andromedagalaxie in gut vier Milliarden Jahren ganz ähnlich aus. Beide rasen unaufhaltsam aufeinander zu. Allerdings ist noch offen, ob sie wirklich kollidieren oder nur aneinander vorbeirauschen.

ANTENNEN AUSGEFAHREN
Die beiden Galaxien haben zwei riesige Bögen (mehr als 100.000 Lichtjahre lang) aus Millionen von Sternen ins All geschleudert (Aufnahme Kitt Peak Observatory).

KREATIVE CRASHS

Galaxien im All zusammengestoßen, beide tot – könnte man denken. Tatsächlich geht bei Kollisionen nichts kaputt. Vielmehr regen sie die Bildung vieler neuer Sterne und Planeten an.

RADIONAME

Centaurus A bedeutet, dass es das erste beobachtete Radio-Objekt in diesem Sternbild ist. Den Namen nutzen nun fast alle Fachleute – er klingt nicht so technisch wie NGC 5128.

75 CENTAURUS A UND DER RIESENJET

Im Sternbild Zentaur, das von Mitteleuropa aus nicht zu sehen ist, befindet sich die Galaxie NGC 5128, auch als Centaurus A bekannt (13 Millionen Lichtjahre entfernt). Diese elliptische Galaxie verschlingt gerade eine kleine Spirale. Markenzeichen des ansonsten sehr strukturlosen Objekts ist das dicke Staubband, das auf die aktuelle Kollision zurückgeht. Im Zentrum von Centaurus A wütet ein Schwarzes Loch mit etwa 55 Millionen Sonnenmassen. Offenbar leidet es keinen Hunger, jedenfalls sind die Spuren seiner Aktivität weithin sichtbar – wenn auch „nur" im Bereich der Radio- und Röntgenstrahlung.

Dieses Bild ist eine Kombination von drei Aufnahmen: Orange-bräunlich sind die Daten des APEX-Teleskops in Chile dargestellt, aufgenommen mit einer Kamera des Max-Planck-Instituts für Radioastronomie in Bonn. Die bläulichen Bereiche sind Messungen des Chandra-Röntgensatelliten der NASA. Die Aufnahme im sichtbaren Licht stammt vom 2,2-Meter-Teleskop der Europäischen Südsternwarte auf La Silla in Chile.

Die beiden Materiebögen ober- und unterhalb der Galaxie zeigen, wie aktiv das Schwarze Loch ist. Aus der rotierenden Scheibe um das Loch herum schießt nach oben und unten Materie heraus, die sich sich fast halb so schnell wie das Licht bewegt. Die Jets und die Materie in ihrer Umgebung leuchten im Radio- und Röntgenbereich. Die glühenden Wolken erstrecken sich über fast zwei Millionen Lichtjahre (hier ist nur der innere Bereich zu sehen). Wären unsere Augen dafür empfindlich, so sähen wir, dass dieses Objekt am Himmel 16-mal so groß wie der Vollmond erscheint.

SPIRALEN-SCHREDDER Centaurus A verschlingt gerade eine Galaxie, deren Staub sich als „Bauchbinde" abzeichnet. Dort zünden zahlreiche Sterne, hier als pinkfarbene Flecken zu erkennen (ESO).

76 STERNENTSTEHUNG ALS STROHFEUER

In der Spiralgalaxie NGC 4536, die etwa so groß wie die Milchstraße ist, läuft gerade die Sternentstehung auf Hochtouren: Überall leuchten heiße blaue Sterne, die noch am Anfang ihres Daseins stehen. Pinkfarben glühen Wolken, in denen junge Sterne den umgebenden Wasserstoff zum Leuchten anregen. Besonders rund um das Zentrum dieser Galaxie erstrahlen jede Menge neue Sterne. In dieser Hubble-Aufnahme erscheint jener Bereich fast wie ein Strudel, in dem Gas, Staub und junge Sterne umeinander wirbeln. Man sieht sofort, dass es dort hoch hergeht. Während in der Milchstraße pro Jahr gut eine Sonnenmasse an Materie zu Sternen wird, produziert diese Galaxie wohl fast zehnmal mehr Sterne.

NGC 4536 wird von der Anziehungskraft anderer Galaxien (außerhalb des Blickfeldes) gestört, wie der recht stark verbogene linke Spiralarm deutlich macht. Durch dieses Gezerre bekommen Gas- und Staubwolken oft den entscheidenden „Schubs", um zu Sternen zusammenzufallen. Geschieht das so schnell wie in dieser Galaxie, spricht man von einem Starburst. So ein Phänomen dauert meist nicht lange: Sterne bilden sich nur in dichten Materiewolken. Sind sie einmal gezündet, bearbeiten sie mit ihrer intensiven Strahlung die Umgebung. Anfangs kann das dazu führen, dass noch schneller noch mehr Sterne entstehen. Doch das restliche Material verdampft geradezu. Weil es meist keinen Nachschub gibt, lösen sich die Wolken auf. Dann kommt die Sternproduktion – fast so schnell wie sie angefangen hat – zum Erliegen. Starbursts graben sich selbst das Gas ab.

GESCHWISTER-ASTRONOMEN

Wilhelm Herschel und seine Schwester Caroline erforschten vom englischen Bath aus gemeinsam das All. Sie entdeckten den Uranus (siehe 19) – und viele Nebel und Galaxien, auch NGC 4536.

HIMMLISCHES BALLETT

Über Jahrmilliarden betrachtet sieht es so aus, als zeige eine Galaxie stets neue Figuren: Während sie sich dreht, bilden sich Balken und Spiralarme – und lösen sich wieder auf.

77 GALAKTISCH FLOCKIG

NGC 2775 sieht aus wie ein riesiges Gebäckstück (50.000 Lichtjahre Durchmesser) mit einem Klacks Puddingcreme in der Mitte. In dieser Galaxie sind viele „Flocken" aus Gas, Staub und Sternen spiralförmig um die strukturlose Zentralregion angeordnet. Dieses ungewöhnlich erscheinende Objekt befindet sich 65 Millionen Lichtjahre entfernt im Sternbild Krebs (Hubble-Aufnahme).

NGC 2775 hat keine Spiralarme, andere haben zwei, drei – oder sogar fünf. In einigen Galaxien liegen die Arme recht eng an, in anderen sind sie weit geöffnet. Manchmal beginnen sie direkt am Kernbereich, manchmal am Ende eines langen Balkens. Bis heute ist völlig unklar, wie Spiralarme und Balken entstehen und warum manche Galaxien stattdessen solche Flocken haben. Klar ist nur, dass sich Spiralarme immer wieder stark verändern. Denn Galaxien drehen sich nicht wie ein starrer Körper: Sie rotieren im Innern schneller als weiter außen. Wären die Spiralarme dauerhafte Gebilde, so hätten sie sich nach maximal zwei Umläufen aufgewickelt.

Offenbar entsteht diese Struktur durch Wellen, die um die Galaxie laufen. Sie verdichten an manchen Stellen Gas und Sterne, an anderen entstehen eher verdünnte Bereiche. Demnach wären die Arme eine Art „Verkehrsstau", in den die „Auto-Sterne" geraten. Nach einem anderen Modell sorgen die Schockwellen, die explodierte Sterne durch eine Galaxie jagen, gemeinsam mit der Drehung der Galaxie für die Spiralstruktur. Um Galaxien komplett zu verstehen, werden noch bessere Beobachtungen gebraucht – und vor allem noch viel kreativere Ideen.

THETA ODER DREHSCHALTER? NGC 5335 (225 Millionen Lichtjahre entfernt, Jungfrau, Hubble) hat einen 40.000 Lichtjahre großen Balken, der von einem Sternring umgeben ist. Stellt dieses Objekt einen griechischen Buchstaben dar? Oder ist es doch ein alter Lichtschalter?

1

2

3

4

78 RINGE, HALSKETTE, WAGENRAD

Galaxien sind immer in Bewegung: Sie ziehen durch das All, rotieren dabei und sind bei engen Begegnungen enormen Kräften ausgesetzt. Eine Galaxie ist nie fertig. Alles fließt! Alles dreht sich! Manchmal kommen dabei skurrile Formen zustande. Bei diesen vier Galaxien haben wir Glück, sie genau zur richtigen Zeit beobachten zu können. In einigen hundert Millionen Jahren sehen sie schon wieder ganz anders aus.

Hoags Objekt (1) zeigt den wohl besten Kreis aller Galaxien. Es ist rund 600 Millionen Lichtjahre entfernt und befindet sich im Kopf der Schlange. Diese Hubble-Aufnahme zeigt den Kern mit vor allem gelblichen, älteren Sternen, den ein Ring (Außendurchmesser 120.000 Lichtjahre) aus jungen, heißen, blauen Sternen umgibt. Himmlischer Bonus: Durch den Ring hindurch ist eine weitere Ringgalaxie zu sehen.

Die Wagenrad-Galaxie (2) ist 500 Millionen Lichtjahre entfernt im Bildhauer (Webb-Aufnahme). Sie verdankt ihren Ring (Durchmesser 150.000 Lichtjahre) einer kleineren Galaxie, die vor 440 Millionen Jahren durch sie hindurch geflogen ist. Schockwellen rasen nach außen – wie Wellen in einem Dorfteich, in den man einen Stein wirft.

Die acht Ringe von LEDA 1313424 (3) sind Folge der Kollision mit der kleinen blauen Galaxie knapp oberhalb. Der äußerste Ring hat fast 250.000 Lichtjahre Durchmesser. Die Galaxien befinden sich 550 Millionen Lichtjahre entfernt im Sternbild Fische.

AM 0644-741 (4) ist eine Galaxie, bei der der Ring eher zur Ellipse geworden ist. Durch die funkelnden Sternentstehungsgebiete wirkt diese Galaxie wie eine Halskette aus Edelsteinen. Mit 150.000 Lichtjahren Durchmesser könnte man sie glatt um unsere Milchstraße legen. Die schmucke Galaxie mit golden schimmerndem Kern befindet sich 300 Millionen Lichtjahre entfernt im Sternbild Schwertfisch.

HIMMLISCHER PUDDING

Galaxien sind ganz zarte Objekte, geradezu etwas „wabbelig". Sie verändern sich ständig und gruppieren die Sterne immer wieder neu. Eine Galaxie kann man nicht an die Wand nageln.

GALAXIEN-GESPENST
Bei Arp-Madore 2026-424 (700 Millionen Lichtjahre entfernt, Mikroskop, Hubble) stoßen gerade zwei Galaxien zusammen, umgeben von einem Stern- und Gasring mit 140.000 Lichtjahren Durchmesser.

79 DIE GRÖSSTEN GALAXIEN IM ALL

Dieses diffuse Objekt mag nicht so spektakulär wirken wie manche Spiralgalaxie. Aber ESO 306-17 hat es wortwörtlich in sich: Mit etwa einer Million Lichtjahren Durchmesser gehört sie zu den zehn größten bekannten Galaxien im Universum. Auf dieser Hubble-Aufnahme sind links zwei Spiralgalaxien zu sehen. Unsere Milchstraße sähe neben dieser elliptischen Riesengalaxie ähnlich klein aus – fast zwergenhaft.

ESO 306-17 befindet sich etwa 500 Millionen Lichtjahre entfernt im Sternbild Taube. Sie scheint dort ziemlich allein zu sein. All die übrigen Galaxien im Blickfeld liegen weit vor oder hinter ihr. Fachleute vermuten, dass es keine Nachbarn gibt, weil dieses Riesenobjekt alle Begleiter verschlungen hat. Dadurch wuchs es zu enormer Größe. Die vielen Punkte im diffusen Leuchten sind Kugelsternhaufen (siehe 52) – offenbar größtenteils Überreste der verschlungenen Begleitgalaxien.

Weiter anwachsen kann diese Galaxie mangels Masse nicht mehr. Weil es kaum noch Gas und Staub gibt, passiert dort nicht viel Neues. ESO 306-17 mag mit ihrer Größe protzen. Aber letztlich ist diese Galaxie – Pardon! – ziemlich langweilig.

Ganz anders ist das bei NGC 6872 (unten), 220 Millionen Lichtjahre entfernt im Sternbild Pfau. Die aufgebogenen Arme erstrecken sich über gut 700.000 Lichtjahre – es ist eine der größten bekannten Balkenspiralen. Die Galaxie breitet ihre Arme wohl nicht ganz freiwillig aus: Andere Objekte in der Nähe zerren an ihr. Die kleine Galaxie oberhalb des Kerns von NGC 6872 ist kürzlich durch den oberen Arm gerauscht – der sieht daher reichlich zerfleddert aus.

KONDOR-GALAXIE
Ihren Beinamen erhielt NGC 6872, weil die riesigen Spiralarme an die Schwingen des großen Vogels erinnern. Aufnahme des Very Large Telescope (ESO) in Chile.

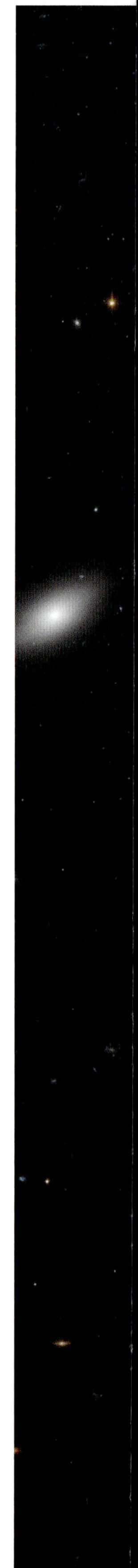

GALAXIEN-GEWALT

Kugelsternhaufen sind die letzten Zeugen, die vom Verschlingen der vielen Galaxien erzählen können. Ihre Bewegung verrät viel über die „brutale" Geschichte von ESO 306-17.

80 HAUFENWEISE GALAXIEN

Galaxien sind gesellige Objekte. Nur ganz selten stehen sie völlig isoliert. Im Sternbild Pegasus bilden fünf Galaxien Stephans Quintett, eine der schönsten Galaxiengruppen am Himmel (Hubble-Aufnahme) – entdeckt von Édouard Stephan an der Sternwarte von Marseille. Vier von ihnen sind rund 290 Millionen Lichtjahre entfernt und deutlich von der gegenseitigen Anziehung gezeichnet: Gewaltige Bögen aus Gas, Staub und jungen Sternen sind Folge der engen Begegnung. Die bläuliche Spiralgalaxie links ist uns viel näher und steht nur zufällig in dieser Richtung.

Noch geselliger geht es im Galaxienhaufen Abell S636 zu (rechts, 4-Meter-Teleskop auf Cerro Tololo). Er enthält mindestens 230 Galaxien, darunter große elliptische und spiralförmige Objekte, aber auch viele Zwerggalaxien. Der Haufen befindet sich rund 130 Millionen Lichtjahre entfernt im Sternbild Luftpumpe.

Galaxiengruppen sehen nicht nur bezaubernd aus, sie verraten auch viel über die Physik des Universums. Denn allein die Anziehungskraft der leuchtenden Sterne und Gaswolken reicht bei weitem nicht aus, um die Galaxien zusammenzuhalten. Dort gibt es offenbar sehr viel Dunkle Materie – einen ominösen Stoff, der anzieht, aber grundsätzlich nicht leuchtet. Dunkle Materie ist nur indirekt zu „sehen" – durch ihren Einfluss auf leuchtende Sterne und Galaxien.

Gemessen an den gewaltigen Strukturen in den endlosen Weiten des Kosmos sind diese beiden Haufen winzig klein. Über Entfernungen von Milliarden Lichtjahren dominieren Dunkle Materie und Dunkle Energie. Also: Hinaus bis an den Rand des Universums! Zurück fast bis zum Urknall!

KURIOSE STERNBILDER

Im 18. Jahrhundert setzte Nicolas de Lacaille abstruse Figuren an den südlichen Sternenhimmel. Seitdem gibt es dort Pendeluhr, Grabstichel, Chemischer Ofen – und die Luftpumpe.

KAPITEL 4

SENSATIONEN AM RANDE DER WELT

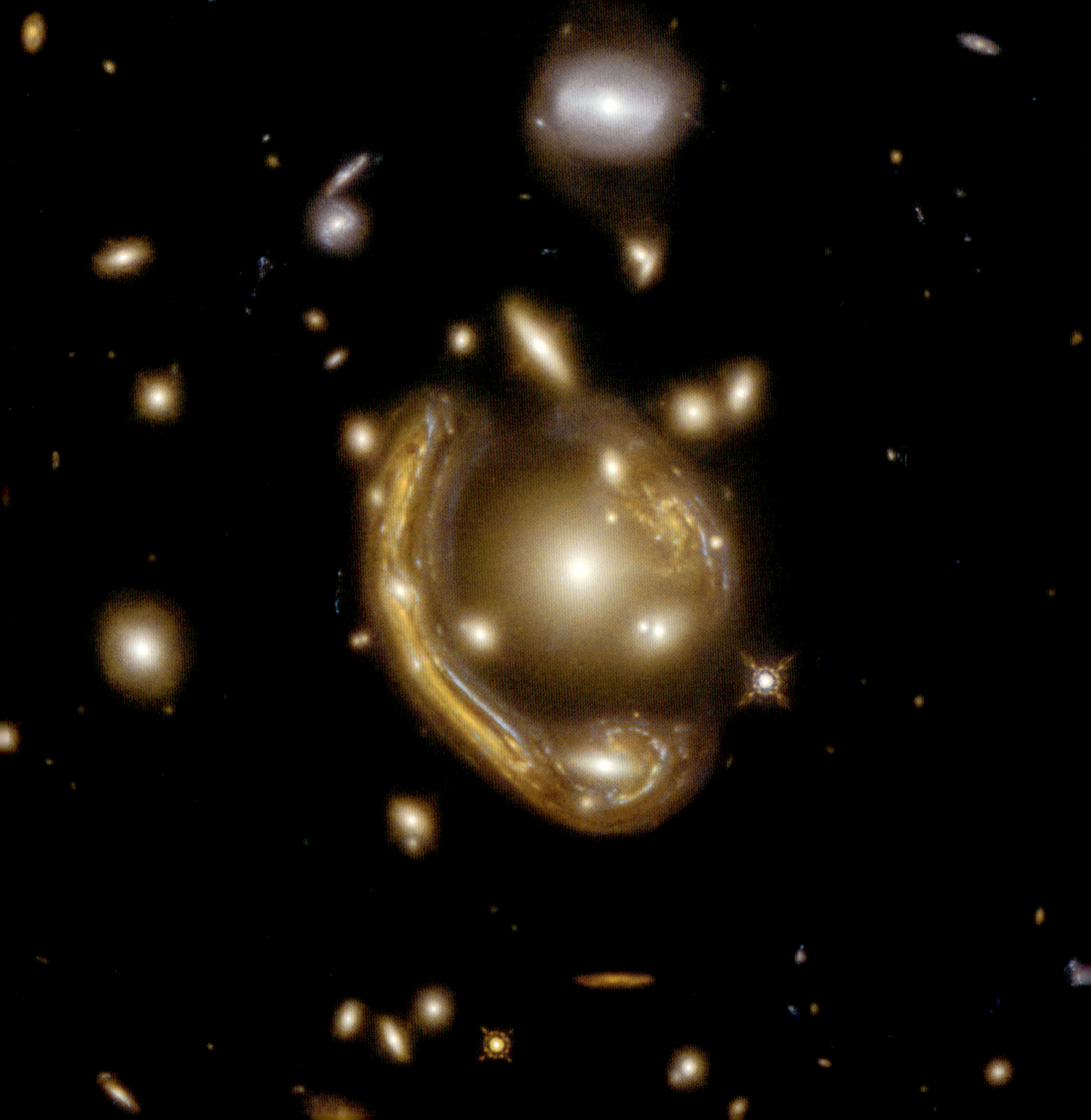

Wer in den Weltraum hinaus blickt, schaut auch immer in der Zeit zurück. Die Sonne sehen wir so, wie sie vor acht Minuten aussah – das Licht der Sterne am Nachthimmel war oft einige hundert Jahre unterwegs, das der Andromedagalaxie sogar zwei Millionen Jahre. Teleskope sind geradezu Zeitmaschinen: Sie zeigen inzwischen Objekte, deren Licht mehr als 13,5 Milliarden Jahre lang auf Reisen war. Als es sich auf den Weg machte, war der Kosmos noch im Krabbelalter – erst wenige hundert Millionen Jahre alt. Die Strahlung von damals ist eine Zeitkapsel, die uns viele Informationen über den Anfang der Welt liefert.

Dunkle Supermächte im All

Doch die Daten aus dem Deep Space, dem tiefen Weltraum, sorgen vor allem für Stirnrunzeln. Die netzartige Anordnung von Galaxien, die riesige Knoten und Wände bilden und gewaltige Leerräume umgeben, lassen wohl nur einen Schluss zu: Der Kosmos besteht größtenteils aus geheimnisvollen Komponenten. Etwa 25 Prozent entfallen auf die Dunkle Materie. Das könnten Teilchen sein, die zwar eine Anziehungskraft ausüben, aber weder Strahlung abgeben noch verschlucken. Selbst wenn wir in Dunkle Materie eingehüllt wären, könnten wir sie nicht sehen. 70 Prozent des Alls sind noch mysteriöser: Die Dunkle Energie kann man sich als eine Art Materie vorstellen, die abstößt und nicht anzieht. Sie treibt den Kosmos immer schneller auseinander. Die Fachleute haben keine Ahnung, was wirklich dahintersteckt. Geniale Ideen zur Erklärung werden gerne genommen!

Unsere „normale" Materie, aus der wir und alle Dinge um uns herum bestehen, kommt demnach auf kaum fünf Prozent. Menschen, Katzen, Blumen, Fahrräder, Berge, Planeten, Sterne, Galaxien etc.: Dies alles ist für uns zwar sichtbar, besteht aber aus einer kosmischen Minderheit. Die sichtbare Materie ist im Universum nur so etwas wie die Schaumkrone auf dem Ozean der Dunklen Materie und Energie.

Was die Dunkle Materie anrichtet, zeigt diese „geschmolzene" Spiralgalaxie (neun Milliarden Lichtjahre entfernt, Hubble, Sternbild Chemischer Ofen). Sie ist durch die Schwerkraft der etwas diffusen Galaxie in der Mitte („nur" vier Milliarden Lichtjahre entfernt) verstärkt und verformt.

Geistesblitze dringend gesucht

Nach gängiger Theorie entziehen sich bisher also 95 Prozent des Weltalls einer physikalischen Erklärung. So faszinierend die Objekte im Kosmos sind, so betörend die Bilder in diesem Buch – sie alle sind nur der Zuckerguss auf dem astronomischen Krisenkuchen. Kein Grund zur Klage! Die Rätsel motivieren, dem Kosmos mit noch mehr Eifer auf den Grund zu gehen. Webbs neue Beobachtungen bringen bereits einiges ins Rutschen.

Im Deep Space verbinden sich die großen kosmischen Fragen: Wie ist das Universum aufgebaut? Was passierte beim Urknall? Gibt es weiteres Leben im All? Welche Rolle spielen Schwarze Löcher? Welche Zukunft erwartet den Kosmos? Alles hängt mit allem zusammen.

Demut ist gefragt: In den Weiten des gigantischen Universums dürfte es auch Phänomene geben, die einem kleinen Menschenhirn nicht zugänglich sind. Die endgültige Antwort auf die ganz großen Fragen (siehe 42) bleibt uns womöglich für immer verborgen. Aber niemals aufgeben! Weiter forschen, weiter beobachten, weiter staunen! Auf geht's: Urknall, wir kommen!

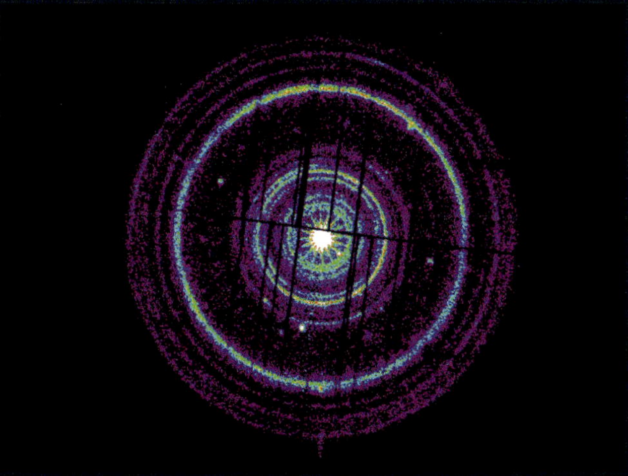

DER HELLSTE ALLER ZEITEN Im Oktober 2022 flammte ein Gammastrahlenausbruch in 2,4 Milliarden Lichtjahren Entfernung auf – beobachtet vom ESA-Röntgensatelliten XMM-Newton.

SO WEIT DIE PHOTONEN TRAGEN Eine Galaxie rund 330 Millionen Jahre nach dem Urknall (beobachtet von James Webb) – wegen der Ausdehnung des Kosmos erscheint sie tiefrot.

81 HEIMATLICHER GALAXIENHAUFEN

Im Sternbild Jungfrau (lateinisch Virgo) befindet sich eine riesige Ansammlung von mindestens 1500 Galaxien. Der Kernbereich des Virgo-Haufens erstreckt sich über mehr als zehn Millionen Lichtjahre. Das größte Exemplar ist M 87 (siehe 66), 55 Millionen Lichtjahre entfernt.

Diese Aufnahme des neuen Rubin-Observatoriums in Chile zeigt einen kleinen Ausschnitt des Virgo-Haufens: Die beiden markanten Spiralgalaxien drehen sich gegenläufig. Etwas oberhalb verschmelzen gerade vier Galaxien. Dieses Gespann gehört nicht zum Virgo-Haufen, sondern liegt rund 300 Millionen Lichtjahre dahinter – die meisten der hier sichtbaren Galaxien befinden sich weit im Hintergrund. Einige helle blaue Sterne gehören zu unserer Milchstraße, sind also viel näher als alle anderen Objekte.

Zwischen den Galaxien eines Haufens befindet sich Millionen Grad heißes Gas, das im Röntgenbereich leuchtet. Dass die Galaxien und das heiße Gas zusammenbleiben und nicht einfach davon driften, lässt sich nur verstehen, wenn es dort viel mehr Materie gibt als mit Teleskopen zu sehen ist. Der Virgo-Haufen muss voller Dunkler Materie sein.

Unsere Milchstraße gehört zusammen mit der Andromeda- und Dreiecksgalaxie (siehe 57 und 58) zur Lokalen Gruppe – einer Art „Vorstadt" des Virgo-Haufens. Der zieht uns mit seiner Schwerkraft an. Die Milchstraße bewegt sich pro Sekunde rund 500 Kilometer in Richtung des Virgo-Haufens. Wenn Sie sich drei Minuten Zeit nehmen, um diese Doppelseite zu bestaunen, dann sind Sie danach schon 90.000 Kilometer weiter!

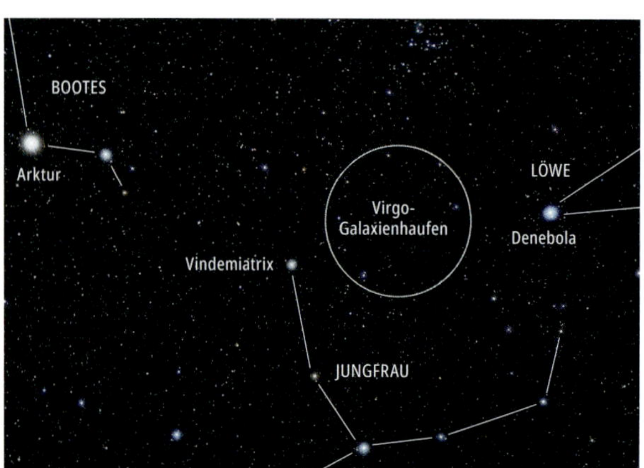

FREIER BLICK IN DEN DEEP SPACE Der Virgo-Galaxienhaufen steht im oberen Bereich des Sternbilds Jungfrau. Fernab der Milchstraßenebene wird er nicht von Sternen und Staub verdeckt.

DIE FRAU MIT DEN HAUFEN

Vera Rubin (1928–2016) entdeckte 1954 während der Beobachtungen für ihre Doktorarbeit, dass Galaxien in Haufen auftreten und nicht gleichmäßig verteilt sind – eine Pioniertat!

DIE LOCKEN DER KÖNIGIN

Berenike II. gelobte im 3. Jh. v. Chr., ihre Haarpracht zu opfern, wenn ihr Mann heil aus dem Krieg zurückkehrt. Dieses Sternbild ist als einziges nach einer realen Person benannt.

82 DIE ENTDECKUNG DER DUNKLEN MATERIE

Im Sternbild Haar der Berenike (lateinisch Coma Berenices) befindet sich ein Haufen aus vermutlich mehr als 1500 Galaxien. Er ist 320 Millionen Lichtjahre von uns entfernt und fast 20 Millionen Lichtjahre groß. Die beiden größten Galaxien sind jeweils zehnmal massereicher als unsere Milchstraße. Die blauen Punkte auf dieser Aufnahme des 4-Meter-Teleskops auf Cerro Tololo sind Vordergrundsterne der Milchstraße.

1933 beobachtete Fritz Zwicky, ein Schweizer Astronom ungarischer Abstammung, den Coma-Haufen. Das Licht der Sterne verrät, wie schnell sich die Galaxien im Haufen bewegen. Doch ihr Tempo passte, so bemerkte Zwicky, nicht zur Anziehungskraft der leuchtenden Materie. Die Galaxien müssten einfach davonfliegen. Wenn es sie dennoch als Haufen zusammenhält, dann muss es dort zudem sehr viel Dunkle Materie geben, die wortwörtlich mit ihrer Gravitation den Laden zusammenhält. Diese Idee galt damals als völlig absurd. Zwicky, der ein sehr eigener Charakter war, stieß auf breite Ablehnung. Aber er war der mit Abstand kreativste Astrophysiker seiner Zeit.

Heute gehört die Dunkle Materie zum „Standardinventar" des Universums. Nach dem populärsten kosmologischen Modell macht sie etwa ein Viertel des Weltalls aus. Allerdings ist eine zweite Erklärung für die merkwürdige Galaxienbewegung möglich: Vielleicht funktioniert die Schwerkraft etwas anders als gedacht. Zwar schließt das die Mehrheit der Fachleute derzeit aus, aber die intensive Suche nach möglichen Teilchen der Dunklen Materie blieb bisher ergebnislos.

GALAXIENSCHWARM
Das rechte Zentrum des Coma-Haufens (Hubble): Die vielen Punkte rund um die elliptische Galaxie in der Mitte sind Kugelsternhaufen.

83 KOSMISCHER CRASH MIT DUNKLER MATERIE

Im Sternbild Schiffskiel sind vor hunderten Millionen Jahren zwei Galaxienhaufen nahezu frontal zusammengestoßen. Nach diesem Crash (fast vier Milliarden Lichtjahre von uns entfernt) zogen die Galaxienhaufen einfach weiter – inzwischen beträgt ihr Abstand wieder rund fünf Millionen Lichtjahre.

Das James-Webb-Teleskop hat dieses Geschehen in allen Details erfasst. Aus der sichtbaren Verformung der Galaxien lässt sich ableiten, wo es wie viel Dunkle Materie (blau dargestellt) gibt. Bei der Kollision ist die Dunkle Materie einfach weitergeflogen. Dagegen blieb das Millionen Grad heiße Gas des Galaxienhaufens zurück. Das zeigen Daten (pink) des NASA-Röntgensatelliten Chandra. Dieses Gas befindet sich üblicherweise zwischen den Galaxien im Haufen, hat sich aber offenbar gegenseitig ausgebremst. Weil der rechte Teil an die Form eines Projektils erinnert, spricht man vom Bullet- oder Geschosshaufen. Solche Beobachtungen helfen, um mehr über die Eigenschaften der vermuteten Teilchen der Dunklen Materie herauszubekommen.

VERBOGENES LICHT

Rund um die beiden Haufen sind längliche Bilder von Galaxien zu sehen, die weit dahinter liegen. Wie stark die Bilder verformt sind, hängt von der Menge der Dunklen Materie ab.

84 DER RING AUS DUNKLER MATERIE

ZWICKY UND DIE LINSEN

Der Dunkle-Materie-Pionier Fritz Zwicky (1898–1974) erkannte, dass es im Kosmos Gravitationslinsen geben muss. Leider hat er die Entdeckung der ersten Linse 1979 nicht mehr erlebt.

Der Galaxienhaufen ZwCl 0024+1652 befindet sich gut vier Milliarden Lichtjahre entfernt im Sternbild Fische (Aufnahme Hubble-Weltraumteleskop). Weit hinter ihm leuchten Galaxien, deren Licht von der Anziehungskraft des Galaxienhaufens verstärkt und länglich verbogen wird – ein Effekt der Allgemeinen Relativitätstheorie. Man spricht von einer Gravitationslinse.

Aus den Formen dieser Galaxienbilder lässt sich ableiten, wie viel sichtbare und Dunkle Materie dort vorhanden sein muss. Überraschenderweise bildet die Dunkle Materie vor allem einen großen Ring (drei Millionen Lichtjahre Durchmesser), der hier als blaue Illustration eingezeichnet ist. Vermutlich ist der Ring die Folge einer Kollision mit einem anderen Galaxienhaufen vor einigen Milliarden Jahren, ähnlich wie beim Bullet-Haufen links. Bei beiden gilt: Das Aussehen der Galaxien im Haufen lässt sich ohne große Mengen Dunkler Materie kaum verstehen. Man sieht sehr deutlich, dass da „etwas" sein muss. Aber woraus die Dunkle Materie besteht, ist ein völliges Rätsel.

85 EUCLIDS EINSTEIN-RING

KOSMISCHE 3D-KARTE

Euclid beobachtet Aussehen, Positionen und Entfernungen von Milliarden Galaxien im Kosmos. Daraus lassen sich einige Eigenschaften von Dunkler Materie und Dunkler Energie ableiten.

NGC 6505 ist eine Galaxie ohne auffällige Struktur, 590 Millionen Lichtjahre entfernt im Sternbild Drache – kosmische Massenware, so dachte man. Dann machte eine Beobachtung des ESA-Weltraumteleskops Euclid aus der himmlischen grauen Maus einen Topstar: Das Zentrum der Galaxie ist von einem dünnen Lichtring umgeben!

Der Ring ist das verformte Bild einer Galaxie, die 4,4 Milliarden Lichtjahre entfernt ist. Ihr Licht läuft genau durch NGC 6505 hindurch und wird dabei von deren Anziehungskraft (der Gravitation) verbogen. Solche „Gravitationslinsen" sind ein Effekt von Einsteins Allgemeiner Relativitätstheorie. Oft gibt es mehrere, teils bizarr verzerrte Bilder desselben Objekts – wie bei einem kosmischen Kaleidoskop.

Ein geschlossener Lichtring – Einstein-Ring genannt – ist nur zu sehen, wenn die Erde, die ferne Galaxie und die Linse dazwischen exakt auf einer Linie stehen. Die vier Verdickungen im Ring, ähnlich Edelsteinen, sind Bilder des verformten Zentralbereichs der Galaxie. Mit Hilfe so einer Aufnahme lässt sich ableiten, wo wie viel Dunkle Materie in NGC 6505 vorkommt.

86 DAS KOSMISCHE SMILEY

Punkt, Punkt, Komma, Strich – fertig ist das Mondgesicht, reimt der Kindermund. Auf den Kosmos übertragen muss es wohl heißen: Linse, Linse, Quelle, gebogenes Licht – fertig ist das Galaxiengesicht. Ein Stück rechts unterhalb des Kastens des Großen Wagens zeigt sich eines der schönsten Himmelsobjekte: ein strahlendes Gesicht.

Zwei etwas gelblich leuchtende Galaxien in rund 4,5 Milliarden Lichtjahren Entfernung bilden die Augen. Sie sind Teil eines massereichen Galaxienhaufens. Ein bläuliches Objekt stellt die Nase dar. Drei Milliarden Lichtjahre hinter dem Haufen befindet sich eine Galaxie, die ebenfalls recht bläulich leuchtet. Sie ist nicht direkt zu sehen. Dafür umgeben den Galaxienhaufen mehrere bogenförmige Bilder von ihr.

Ursache ist wieder der Gravitationslinseneffekt. Die Anziehungskraft des Galaxienhaufens lenkt die Lichtstrahlen der weit dahinter liegenden Galaxie ab. Dieses Bild, aufgenommen vom Hubble-Weltraumteleskop, ist keine kuriose Bearbeitung am Computer, sondern die ganz echte, unverfälschte Natur. Der Kosmos lächelt uns an!

LICHT WIEGT GALAXIEN

Modellrechnungen zeigen, wo im Galaxienhaufen wie viel Masse steckt, um die beobachteten Linsen-Bilder zu verursachen. So erfährt man viel über die Verteilung der Dunklen Materie.

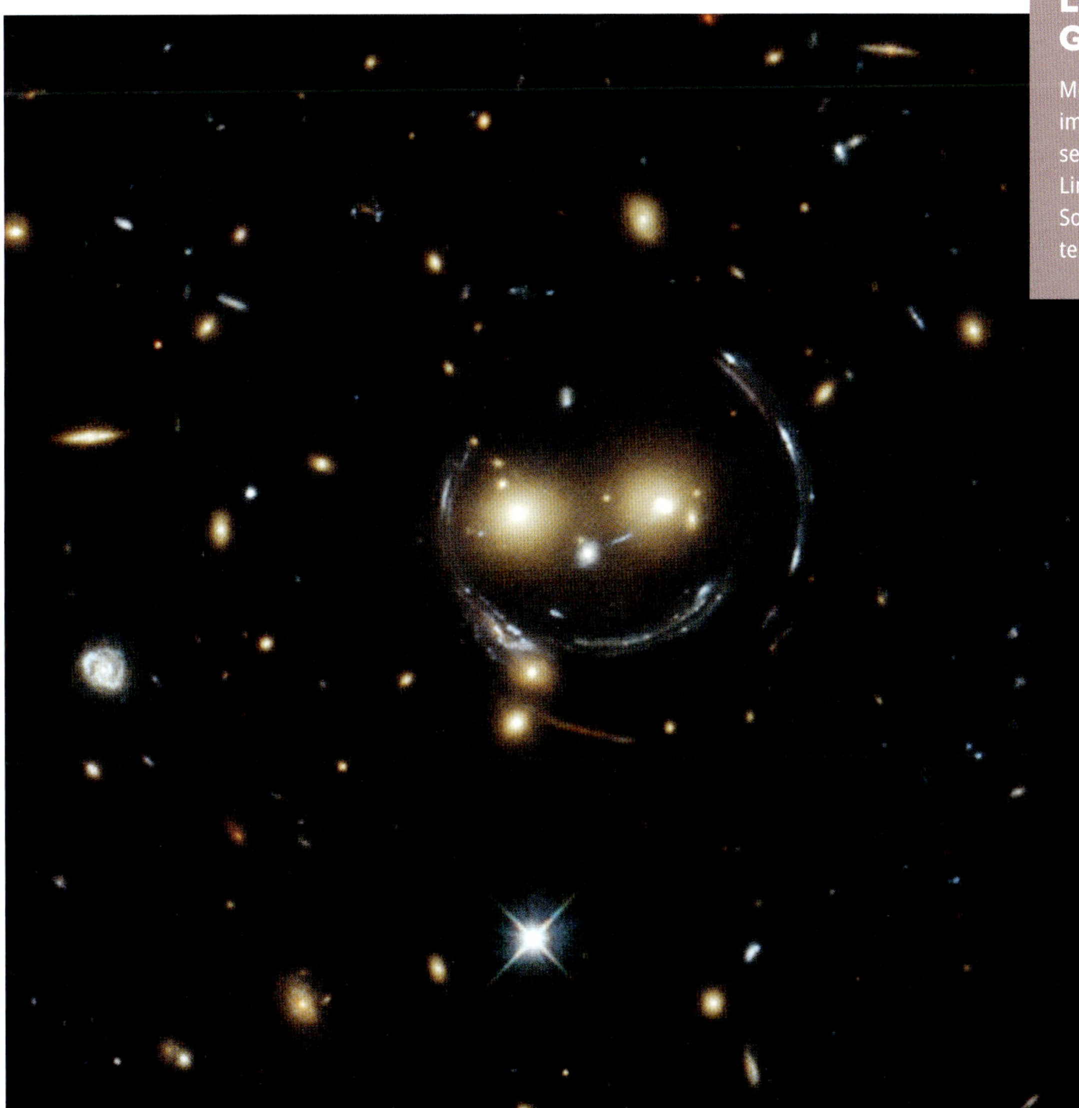

87 DAS TIEFE FELD VON JAMES WEBB

Weihnachten 2021 bekamen die Astronomie-Fans weltweit mit dem erfolgreichen Start einer Ariane 5 ein sensationelles Geschenk: Europas Rakete bugsierte das James-Webb-Teleskop in den Weltraum. Das geschah so perfekt, dass dessen Treibstoffvorrat statt für zehn nun für 20 Jahre reicht. Die Ariane hat mit dem präzisen Einschuss die Lebenszeit von Webb mal eben verdoppelt!

Am 11. Juli 2022 zeigte Jane Rigby, die Chefastronomin des Teleskops, im Weißen Haus in Washington US-Präsident Joe Biden und seiner Vizepräsidentin Kamala Harris das erste Webb-Bild: Der Galaxienhaufen SMACS 0723 besteht aus weißlich leuchten Galaxien und befindet sich gut vier Milliarden Jahre entfernt im Sternbild Fliegender Fisch. Bemerkenswert ist, was seine Schwerkraft mit den Lichtstrahlen von Galaxien weit hinter ihm anrichtet. Es sind zahllose Lichtbögen und bizarr verzerrte Objekte zu sehen – verbogene und verstärkte Bilder von Galaxien, die nur ein oder zwei Milliarden Jahre nach dem Urknall existiert haben. Das Licht einiger Galaxien war rund 13 Milliarden Jahre unterwegs.

Für dieses Deep Field („tiefes Feld") hat James Webb 12,5 Stunden lang belichtet. Auf keiner anderen Aufnahme zuvor waren so ferne Objekte zu sehen. Fachleute auf der ganzen Erde stürzten sich sofort auf die frei verfügbaren Daten. Nur Tage später kursierten bereits zahlreiche Fachveröffentlichungen über die frühen Galaxien. Zwar waren das oft eher „Schnellschüsse" – aber eines stand mit diesem Bild zweifelsfrei fest: James Webb ist der neue Topstar der Astronomie!

BROSCHE UND PERLENKETTE
Eine verformte Galaxie erscheint als goldenkupfernes Schmuckstück. Einige feine Bögen zeigen etliche Lichtpunkte: Das sind Sternhaufen in den fernen Galaxien!

TELEOBJEKTIV FÜR WEBB

Gravitationslinsen sind kosmische Superlupen. Ohne diese Hilfe der Natur wären Sternhaufen in Galaxien kurz nach dem Urknall (kleines Bild) auch für Weltraumteleskope unerreichbar.

HUBBLES SCHÖNSTE LINSE

Abell 370 ist das wohl eindrucksvollste Gravitationslinsen-Bild von Hubble. Oberhalb der störenden Erdatmosphäre blickt das Teleskop besonders scharfsichtig ins All.

88 DER GALAXIENHAUFEN MIT DEM DRACHEN

Ein Gewimmel aus Galaxien, Lichtbögen und einzelnen Vordergrundsternen: Der Galaxienhaufen Abell 370 befindet sich fast fünf Milliarden Lichtjahre entfernt im Sternbild Walfisch. Weitere Milliarden Lichtjahre hinter ihm leuchten Dutzende Galaxien, deren Licht extrem verstärkt und verbogen ist. Man sieht sofort, wo die Masse sitzt, denn die meisten Bögen sind zum Zentrum des Haufens hin geöffnet. Einige wenige sind anders orientiert.

Dieser Haufen ist im Wortsinne Anschauungsunterricht der Allgemeinen Relativitätstheorie von Albert Einstein. Mehr als hundert ockerfarbene elliptische Galaxien bilden den gewaltigen Haufen, der als Linse wirkt. Sie enthalten jeweils einige hundert Milliarden Sterne. Läuft das Licht der weit dahinter liegenden Galaxien am Haufen vorbei, wird es abgelenkt. Je nachdem, wie genau das Licht den Haufen passiert, erscheinen unterschiedlich verformte und vergrößerte Bilder der fernen Galaxien am Himmel. Meist sind mehrere Bilder desselben Objekts zu sehen – so wie es nach der Theorie zu erwarten ist. Besonders interessant ist dieses Phänomen beim „Drachen" – ein Objekt, das man auch für eine Kaulquappe halten könnte (kleines Bild). Auf dieser Aufnahme des Hubble-Weltraumteleskops sind fast hundert gelinste Galaxien zu sehen. Manche sind knapp 13 Milliarden Lichtjahre entfernt.

Die Bezeichnung Abell 370 geht auf den US-Astronom George Ogden Abell (1927–1983) zurück. Der wäre heute wohl komplett vergessen, hätte er nicht einen herausragenden Katalog von Galaxienhaufen erstellt.

DER VERBOGENE DRACHE Mehrere Bilder derselben Galaxie fließen ineinander. Dank der Vergrößerung durch die Gravitationslinse sind das rötliche Zentrum und die blauen Spiralarme zu erkennen.

HIMMLISCHE BOHRKERNE

Solch lang belichtete Aufnahmen reichen weit durch Raum und Zeit: Manche Galaxien sind nur einige hundert Millionen Lichtjahre entfernt, andere mehr als zehn Milliarden Lichtjahre.

89 DER GALAXIENHAUFEN MIT DER QUALLE

Mehr als 300 gelblich-ockerfarbene Galaxien, rund sechs Milliarden Lichtjahre entfernt im Löwen, und jede Menge Dunkle Materie zeigen, was sie können: Der Galaxienhaufen MACS J1149 zaubert viele – zumeist pinkfarbene – Bilder von Galaxien an den Himmel, die einige Milliarden Lichtjahre hinter dem Haufen liegen. Das Zentrum des Haufens ist die enge Gruppe elliptischer Galaxien, die auf dieser Webb-Aufnahme wie in einen Kokon gehüllt erscheint.

Direkt unterhalb sieht eine Galaxie, deren Abstand rund neun Milliarden Lichtjahre beträgt, extrem zerfasert aus. Sie könnte fast eine rosafarbene Qualle oder ein Wollknäuel sein. An vielen anderen Stellen sind weitere Bilder dieser Galaxie mit wunderschönen Spiralarmen zu sehen. Je nachdem, wie das Licht läuft, sind manche Bilder gespiegelt, andere nicht. In der Quallengalaxie ist die Supernova Refsdal (siehe folgende Seite) aufgeleuchtet – und zwar gleich viermal! Auch viele andere Galaxien zeigen den Gravitationslinseneffekt: Manche erscheinen als langen Linien, andere eher oval.

MACS J1149 gehört zu den sechs Haufen des „Frontier Fields"-Programms. Das Hubble-Teleskop hatte diese Objekte, die alle besonders starke Gravitationslinsen sind, intensiv beobachtet. Dabei ging es vor allem darum, die Haufen als natürliche „Super-Lupen" zu nutzen. Die durch den Linseneffekt verstärkten Bilder ermöglichen den Blick bis in die Frühzeit des Kosmos kurz nach dem Urknall. Diese Webb-Aufnahme geht noch viel tiefer als das Bild von Hubble.

ZWEIMAL GALAXIE, NUR EINMAL QUALLE Die pinkfarbene ferne Spiralgalaxie umschlingt geradezu ein Mitglied des als Linse wirkenden Haufens (links). Oberhalb des Haufens ist dieselbe Galaxie nur wenig „verbeult" zu sehen. Einige markante Strukturen im Zentrum und in den Spiralarmen lassen sich auf beiden Bildern gut ausmachen.

90 DIE VIERFACHE SUPERNOVA

Der Galaxienhaufen MACS J1149 (siehe vorherige Seite) befindet sich rund sechs Milliarden Lichtjahre entfernt im Sternbild Löwe und zeigt einen starken Gravitationslinseneffekt. 2014 entdeckte man dort vier Bilder derselben Supernova, deren Licht 9,3 Milliarden Jahre lang unterwegs zu uns war. Ihre Lichtstrahlen wurden durch die Schwerkraft der Galaxie in der Mitte so verbogen, dass sie ein perfektes „Einstein-Kreuz" bilden. Ein Jahr später tauchte ein weiteres Bild dieser Supernova an einer anderen Stelle des Haufens auf – exakt wie nach den Modellen vorhergesagt.

Diese Explosion heißt nach dem Norweger Sjur Refsdal (1935–2009). Refsdal, lange Zeit an der Hamburger Sternwarte tätig, war einer der größten Kosmologen der zweiten Hälfte des 20. Jahrhunderts. 1964 entdeckte er, dass sich aus der Verzögerung, mit der die einzelnen Bilder aufleuchten, die Ausdehnungsgeschwindigkeit des Universums (Hubble-Konstante) bestimmen lässt. Das Licht muss je nach Bild unterschiedlich lange Strecken zurücklegen – und leuchtet daher nicht überall gleichzeitig auf. Sjur Refsdal verfasste seine epochalen Arbeiten 15 Jahre vor der Entdeckung der ersten Gravitationslinse!

Helle Supernovae sind selbst in fernen Ecken des Kosmos zu beobachten. Mit Hilfe dieser Explosionen am Ende eines Sternlebens lässt sich Milliarden Jahre später vermessen, wie schnell sich das Universum ausdehnt. Bisher geschieht dies meist durch die Beobachtung einer bestimmten Supernova-Sorte (kleines Bild) – künftig könnten Vielfachbilder die Dynamik des Universums verraten.

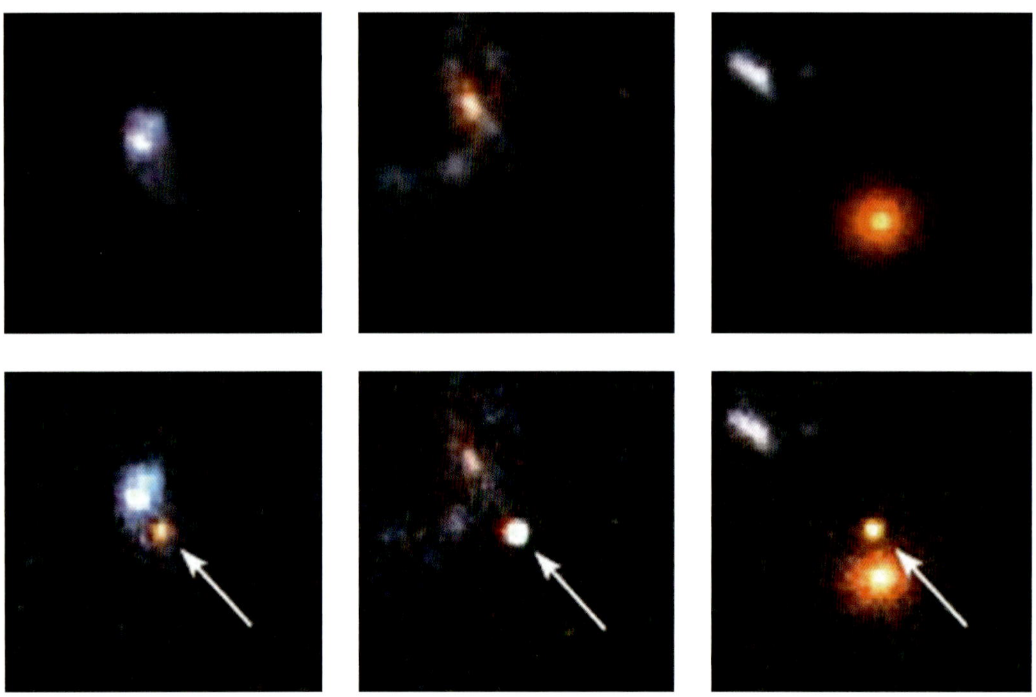

WELTBEWEGENDE EXPLOSIONEN Drei Hubble-Galaxien mit Supernova: Aus dem An- und Abstieg der Helligkeit folgt, dass sich das Universum beschleunigt ausdehnt – angetrieben von der Dunklen Energie.

LINSEN IMMER WICHTIGER

Einst waren Gravitationslinsen nur etwas für Spezialisten wie Sjur Refsdal. Inzwischen sind sie ein „Werkzeug" und werden gezielt beobachtet, um den Aufbau des Kosmos zu erforschen.

91 DER GALAXIEN-SUPERHAUFEN

Im Sternbild Segel (lateinisch Vela) gibt es eine riesige Ansammlung von Galaxien: Dieser Superhaufen (300 Millionen Lichtjahre groß) enthält gut 300.000-mal so viel Materie wie die Milchstraße. Erst 2026 haben Messungen mit dem Radioteleskop MeerKAT in Südafrika die genauen Ausmaße des Vela-Superhaufens offenbart.

Dass diese gewaltige Struktur in etwa 800 Millionen Lichtjahren Entfernung bisher übersehen wurde, liegt an unserer Milchstraße: Der Vela-Superhaufen befindet sich gut getarnt hinter Sternen und Staubwolken (siehe 23). Etwa ein Fünftel der Himmelskugel gilt als „Vermeidungszone", wie Fachleute sagen. In diesem Bereich können klassische Beobachtungen des fernen Kosmos nicht viel ausrichten, weil die Galaxien hinter Gas und Staub im Vordergrund verborgen bleiben.

Doch mit MeerKAT, einem Verbund aus 64 Radioteleskopen, lässt sich der Vela-Superhaufen endlich genauer untersuchen. Denn die Strahlung des Wasserstoffs in den Vela-Galaxien läuft durch die Staubschwaden der Milchstraße hindurch. Dagegen ist im sichtbaren Licht nicht viel zu erkennen. MeerKAT ist der Vorläufer des neuen Großteleskops SKA, an dem auch das Max-Planck-Institut für Radioastronomie in Bonn beteiligt ist.

Der Vela-Superhaufen scheint zwei Zentren zu haben, die sich aufeinander zubewegen. In Jahrmilliarden wird er noch größer und kompakter. Schon jetzt dominiert er den „kosmischen Fluss" in der Umgebung der Milchstraße. Mit der Zeit segeln wir, der Virgo-Haufen und viele weitere Galaxien in seine Richtung. Vela, wir kommen!

LOKALE SUPERHAUFEN

Vela, Laniakea, Perseus und einige andere Galaxien-Superhaufen gehören zu unserer kosmischen Umgebung. Die Kantenlänge dieser Illustration beträgt etwa 1,5 Milliarden Lichtjahre.

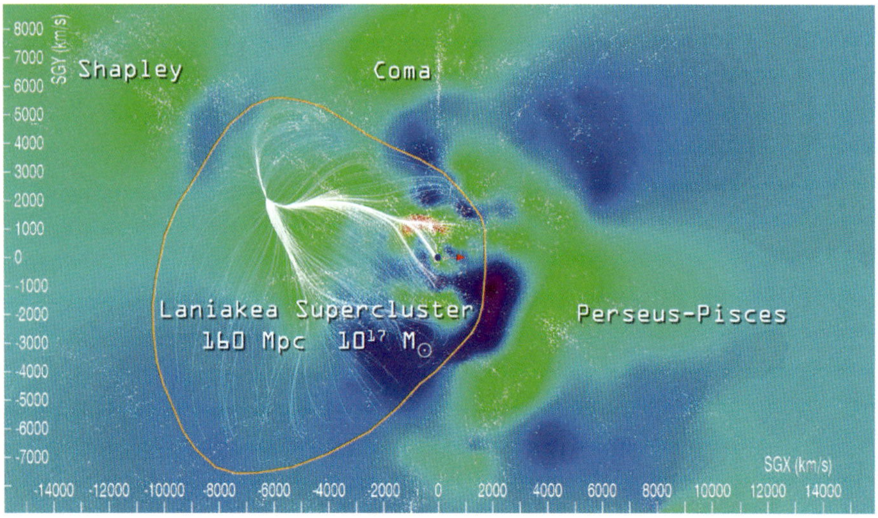

DAS UNIVERSUM UND WIR Unsere Milchstraße (blauer Punkt in der Mitte) gehört zum Rand des Superhaufens Laniakea, „unermesslicher Himmel" in der Sprache Hawaiis. Die weißen Linien zeigen die „Zugwege" der Galaxien.

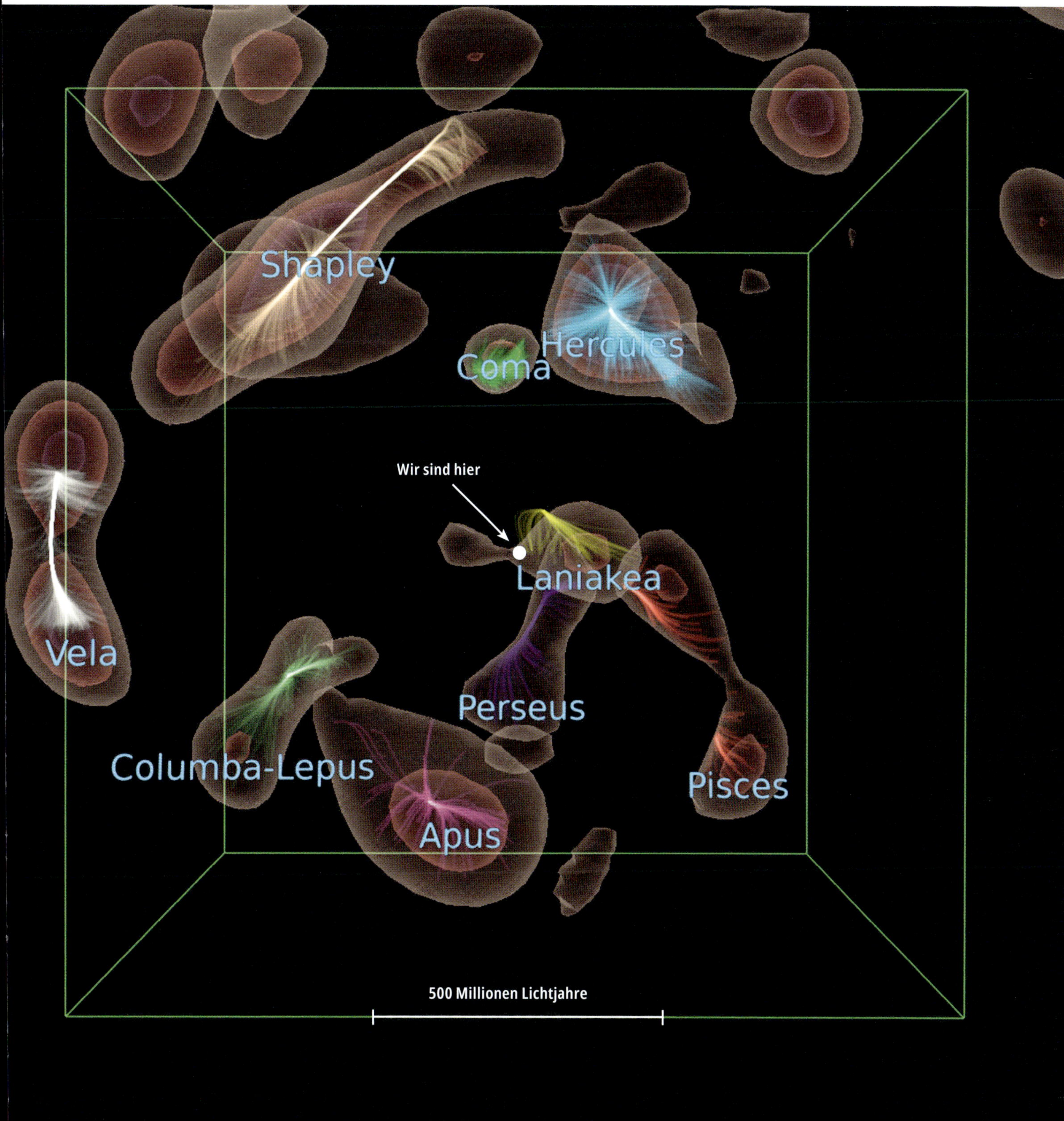
Shapley
Hercules
Coma
Wir sind hier
Laniakea
Vela
Perseus
Columba-Lepus
Pisces
Apus
500 Millionen Lichtjahre

WIDERSPRÜCHE ERSEHNT!

95 Prozent des Kosmos (Dunkle Materie und Energie) sind unbekannt. Vielleicht weisen Beobachtungen, die dem aktuellen Weltmodell widersprechen, einen Weg aus der peinlichen Lage.

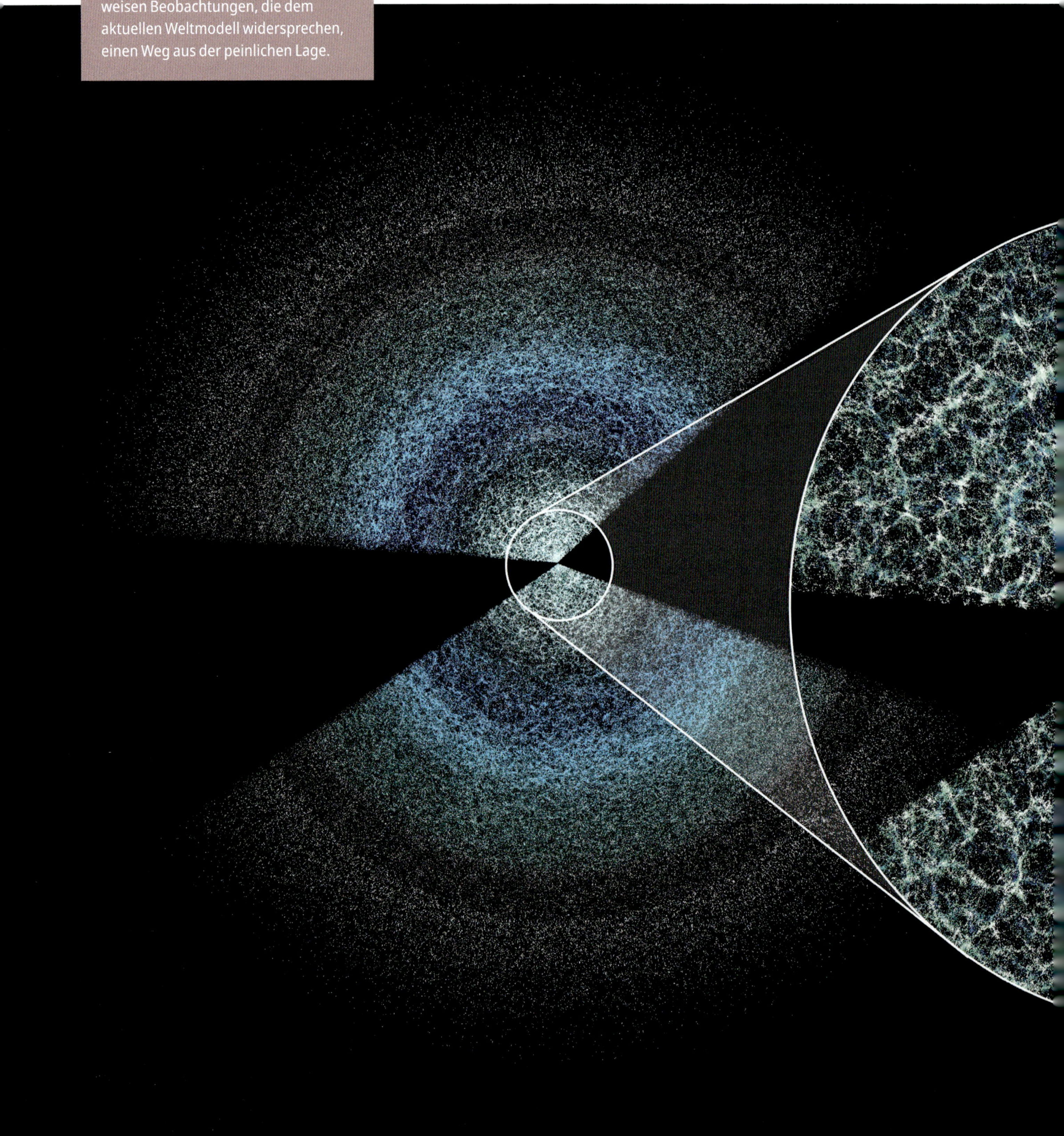

92 DAS KOSMISCHE NETZ DER GALAXIEN

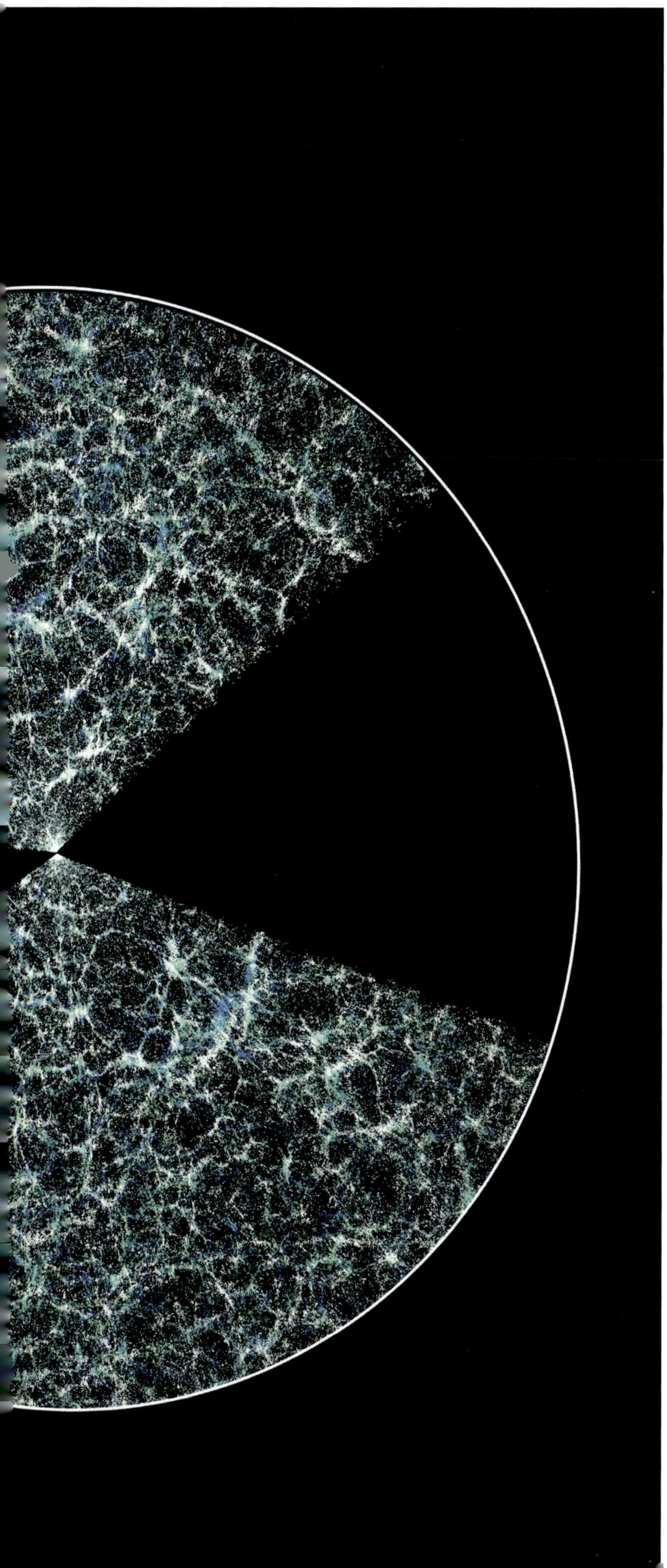

Jeder Punkt auf diesem Bild steht für eine ganze Galaxie! Es ist eine Himmelskarte, die einen Teil der 47 Millionen Galaxien zeigt, die das Dunkle-Energie-Spektroskopie-Instrument (DESI) auf dem Kitt Peak erfasst hat. Der Name ist Programm: DESI zerlegt das Licht der beobachteten Galaxien in seine Wellenlängen – so wie Regentropfen aus Sonnenlicht einen farbigen Regenbogen entstehen lassen. Aus ihrem Spektrum lässt sich dann die Entfernung der Galaxie bestimmen.

Wie die Daten zeigen, bilden die Galaxien eine schwammartige Struktur: Große Wände und Knoten aus zigtausenden von Galaxien umgeben gewaltige Leerräume, die über hundert Millionen Lichtjahre groß sind und kaum Galaxien enthalten. Wie sich die großräumige Struktur im Laufe der kosmischen Geschichte entwickelt, hängt vor allem von der Dunklen Energie ab. Sie treibt das All immer schneller auseinander.

Mit den DESI-Daten lässt sich rund zehn Milliarden Jahre zurückblicken. Offenbar ist die Dunkle Energie heute nicht mehr so stark wie noch vor fünf Milliarden Jahren. Sollte sich das bestätigen, wäre das Standardmodell vom Aufbau der Welt nicht mehr zu halten – denn das geht von einer konstanten Dunklen Energie aus. Die Fachleute wüssten, dass sie im Kosmos irgendetwas grundsätzlich falsch verstehen. Was es genau mit der veränderlichen Dunklen Energie auf sich hat, wird wohl erst das ESA-Weltraumteleskop Euclid herausbekommen. Es vermisst bis Ende dieses Jahrzehnts den Kosmos noch viel genauer als dies von der Erde aus möglich ist. Euclids „kosmische Inventur" dürfte für viel Spannung in der Kosmologie sorgen!

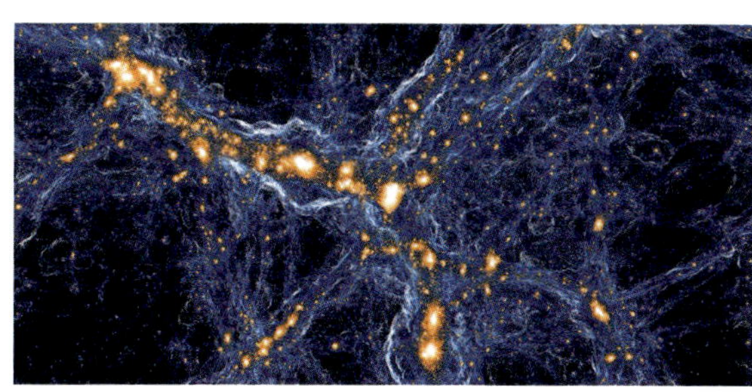

KOSMISCHE SIMULATION Gewaltige Computermodelle simulieren, wie aus dem Materiebrei kurz nach dem Urknall das heutige Universum voller Galaxien wird (Kantenlänge 350 Millionen Lichtjahre). Je mehr Materie an einer Stelle ist, desto heller erscheint sie. Volker Springel vom Max-Planck-Institut für Astrophysik und das Illustris-Team kommen gut voran.

93 DAS HUBBLE ULTRA DEEP FIELD

Soll ein Teleskop möglichst lichtschwache Sterne oder Galaxien erfassen, muss es sehr lange auf dieselbe Stelle am Himmel blicken. Dann sammelt es viele Lichtteilchen aus den Tiefen des Alls. Für diese Aufnahme hat Hubble 270 Stunden (also mehr als elf Tage!) auf ein Gebiet im Sternbild Chemischer Ofen gestarrt. Dort war zuvor außer ein paar Sternen der Milchstraße fast nichts zu sehen. Das Ultra Deep Field, das ultratiefe Feld, zeigt mit einem Schlag fast 10.000 Galaxien, meldet die NASA stolz – viel Spaß beim Nachzählen!

Die wenigen Sterne verraten sich durch die für Hubble typischen vier Beugungsstrahlen. Alle anderen Objekte sind Galaxien – riesige Systeme, die zum Teil mehr als hundert Milliarden Sterne enthalten. Sicher kreisen um sehr viele dieser Sterne Planeten – und womöglich gibt es auf etlichen dieser Planeten sogar Leben.

Manche Galaxien sind sehr nah, andere am Rande des sichtbaren Kosmos. Faustregel: Je größer eine Galaxie erscheint, desto näher ist sie. Je kleiner und rötlicher sie aussieht, desto länger war das Licht unterwegs. Mit Spezialinstrumenten lässt sich – über das Spektrum des Lichts – der Abstand genau ermitteln.

Auf diesem Bild sind viele Etappen der kosmischen Entwicklung zu sehen: Von Galaxienbausteinen in der Frühphase des Kosmos über spätere größere Objekte, die bereits viele kleine Galaxien verschlungen haben, bis zu den Spiral- und Kantengalaxien der heutigen Zeit. Mit Neil Armstrong lässt sich sagen: Es ist ein winziger Blick an den Himmel, aber ein gigantischer Schritt zurück in die Zeit.

SCHWARZE LÖCHER IM RÖNTGENLICHT Der NASA-Satellit Chandra hat sein Deep Field South drei Monate lang belichtet. Die bunten Punkte sind Galaxien mit aktiven Schwarzen Löchern – manche sind mehr als zehn Milliarden Lichtjahre entfernt.

DAS GESICHT GOTTES?

Das erste Hubble Deep Field 1995 ließ manche Fachleute von der unglaublichen Schönheit des Kosmos schwärmen. Andere meinten gar, es sei ein Blick ins Antlitz Gottes. Nun ja.

94 WEBBS SUPERNOVA-REKORD

Im März 2025 registrierte der chinesisch-französische Satellit SVOM einen Blitz energiereicher Gammastrahlung im Sternbild Jungfrau. Diese Strahlung entsteht, wenn es einen extrem großen Stern komplett zerreißt: Nachdem sein Brennstoff verbraucht war, stürzte der Stern unter seiner eigenen Masse zusammen und explodierte. Beim Kollaps wird die Gammastrahlung nur entlang enger Kegel abgegeben – einer zeigte genau zu uns.

Im sichtbaren Licht folgt meist eine Supernova. Drei Monate nach dem Gammaausbruch wurde sie tatsächlich vom James-Webb-Teleskop beobachtet. Dieses dramatische Geschehen spielte sich nur 730 Millionen Jahre nach dem Urknall ab. Die Strahlung aus jener Zeit war 13 Milliarden Jahre lang unterwegs zu uns. Damit ist dieses Licht fast dreimal so alt wie Erde und Sonne! Zum Zeitpunkt der Explosion hatte das Weltall erst fünf Prozent seines heutigen Alters. Nie zuvor war ein einzelner Stern so weit entfernt beziehungsweise so früh in der kosmischen Geschichte zu sehen. Ein Stern wie die Sonne ist dort draußen auch für James Webb viel zu leuchtschwach. Aber eine Supernova lässt sich erwischen.

Überraschenderweise unterschied sich diese Supernova in der Kindheit des Universums praktisch nicht von einer heutigen. Wegen des damals viel geringeren Anteils an schweren Elementen wie Kohlenstoff und Sauerstoff hatte man erwartet, dass eine Supernova noch viel heller sein müsste – doch das ist nicht der Fall. Vielleicht verraten weitere Webb-Entdeckungen dieser Art, wie sich die ersten Sterne im Kosmos entwickelt haben.

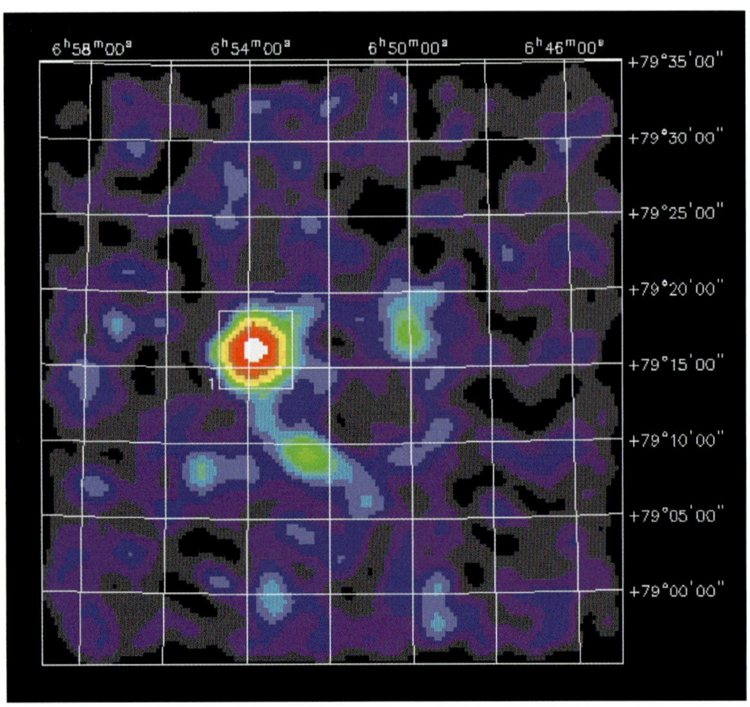

RÄTSEL GELÖST
Lange Zeit war völlig unklar, ob die Gammaausbrüche nah und schwach sind – oder fern und leuchtkräftig. Dank des italienisch-niederländischen Satelliten BeppoSAX gelang beim Burst vom 8. Mai 1997 erstmals die Entfernungsbestimmung: Diese Objekte sind Milliarden Lichtjahre entfernt und extrem leuchtstark.

KOSMISCHE KERNWAFFEN

1967 registrierten US-Satelliten immer wieder Gammastrahlung. Anfangs dachte man an Kernwaffentests am Boden. Nach kurzer Aufregung war klar, dass die Gammaausbrüche im All sind.

95 SCHWARZE LÖCHER UND DAS BEBEN DER RAUMZEIT

Am 14. September 2015 um 11:50:45 Uhr MESZ rauschten die Gravitationswellen einer titanischen Kollision über uns hinweg und ließen für einen Sekundenbruchteil alles erzittern. 1,3 Milliarden Jahre zuvor waren in den Tiefen des Kosmos zwei Schwarze Löcher kollidiert: Das eine hatte 29 und das andere 36 Sonnenmassen. Sie verschmolzen zu einem Objekt von 62 Sonnenmassen. Die fehlenden drei Sonnenmassen wurden zu purer Energie und als Gravitationswellen abgestrahlt, wie diese Illustration aus Messkurve und Schwarzen Löchern zeigt. Diese Wellen laufen mit Lichtgeschwindigkeit durch Raum und Zeit und bewegen sich völlig ungehindert durch Körper hindurch, durch die Erde ebenso wie durch Menschen. Hightech-Messanlagen wie LIGO in den USA oder Virgo in Italien verfügen über kilometerlange Messarme, in denen Laserstrahlen hin- und herlaufen. Zieht eine Gravitationswelle über die Anlage hinweg, werden die Arme minimal gestaucht und gedehnt. Die Längenänderung ist zwar viel kleiner als der Durchmesser eines Protons, lässt sich aber tatsächlich messen (rote und blaue Kurven). Verglichen damit ist ein Haar fast unendlich dick.

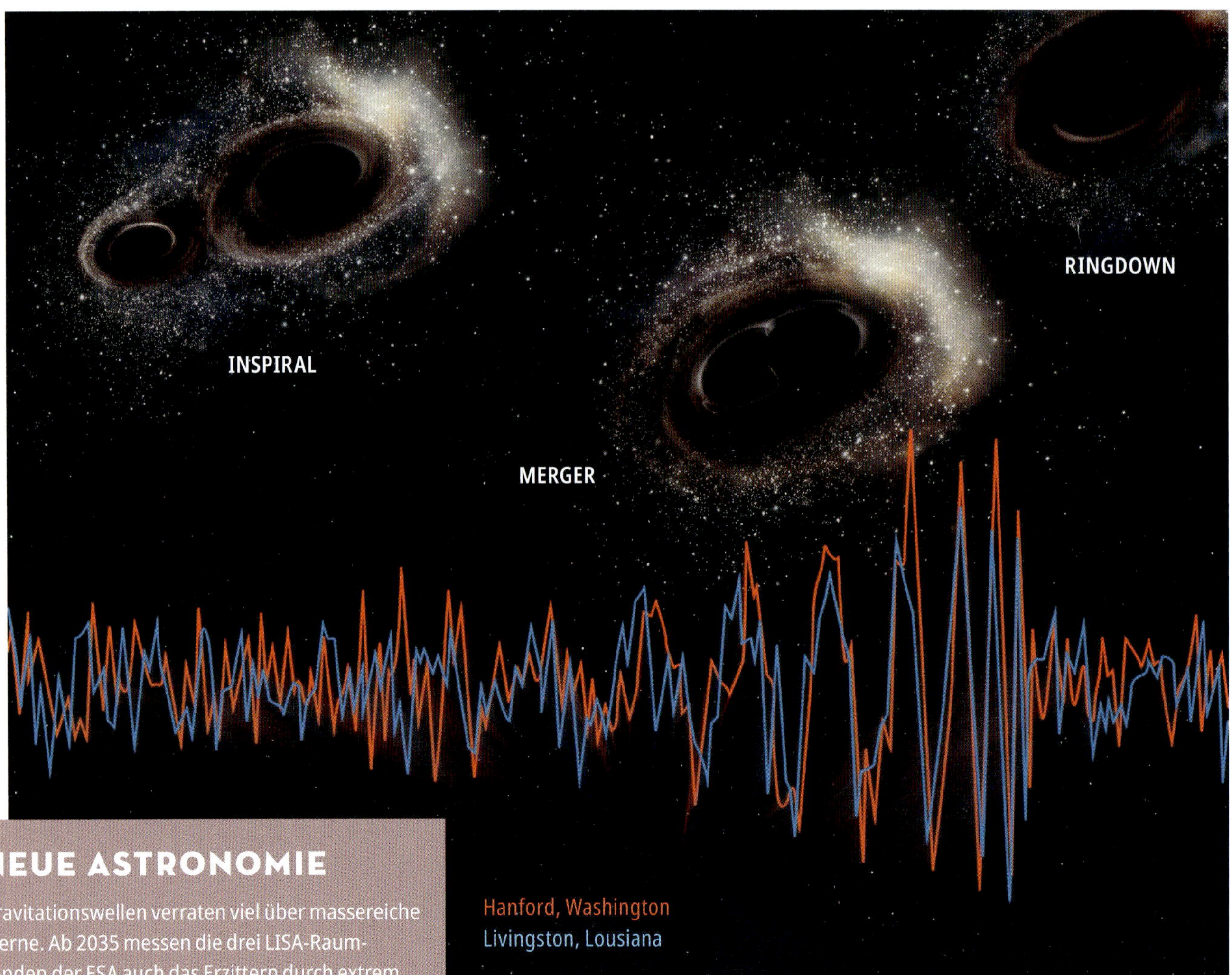

NEUE ASTRONOMIE

Gravitationswellen verraten viel über massereiche Sterne. Ab 2035 messen die drei LISA-Raumsonden der ESA auch das Erzittern durch extrem massereiche Schwarze Löcher in Galaxien.

96 DIE KOLLISION DER NEUTRONENSTERNE

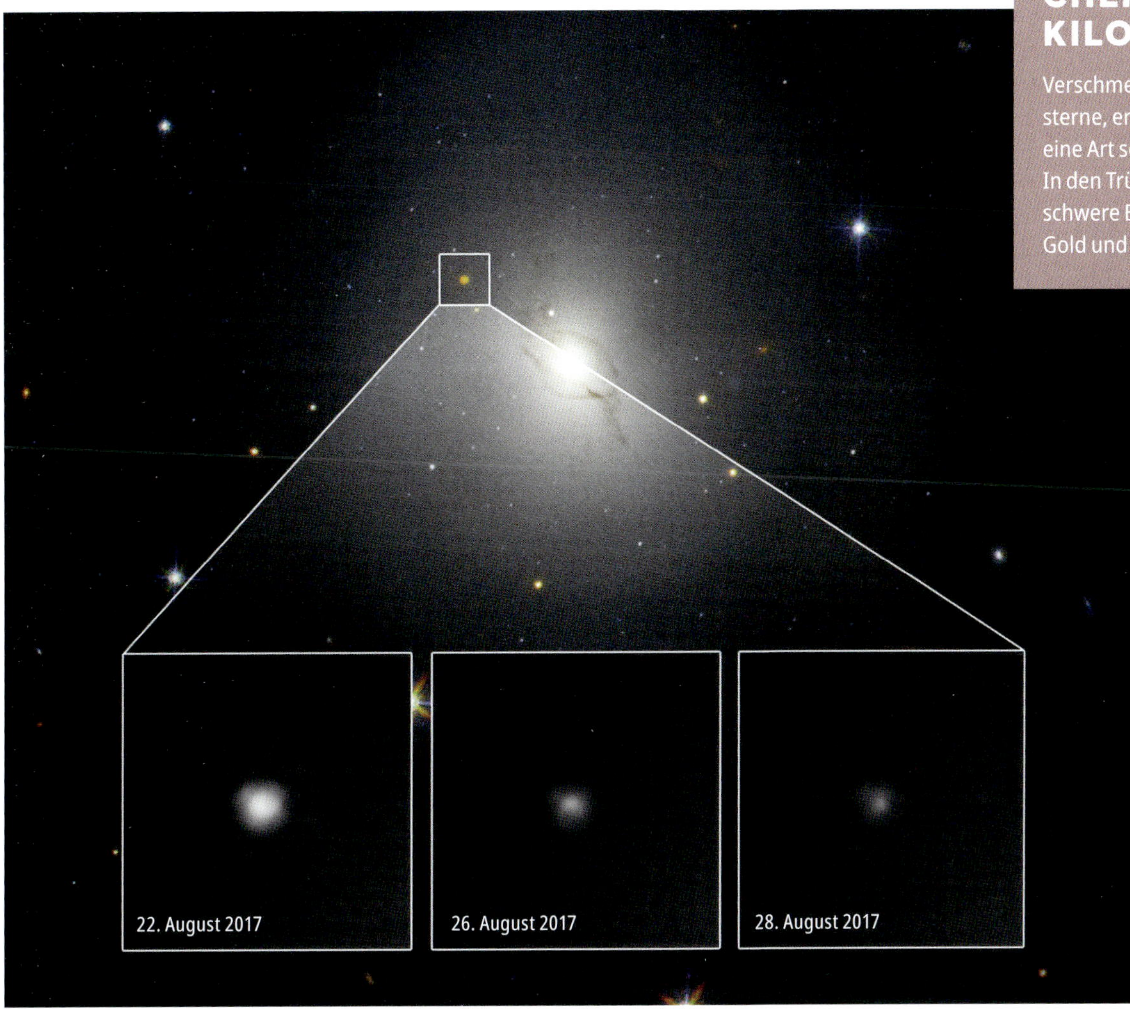

CHEMIEFABRIK KILONOVA

Verschmelzen zwei Neutronensterne, erstrahlt eine Kilonova – eine Art schwache Supernova. In den Trümmern entstehen viele schwere Elemente wie Strontium, Gold und Platin.

Am 17. August 2017 schlugen innerhalb von 1,7 Sekunden die Gravitationswellenanlagen auf der Erde und der Gammastrahlendetektor des Fermi-Satelliten im All an. Zum ersten Mal beobachtete man ein Objekt sowohl mit klassischen Teleskopen als auch mit Gravitationswellendetektoren. Schnell war klar, dass in der Galaxie NGC 4993 (130 Millionen Lichtjahre entfernt, Sternbild Wasserschlange) zwei Neutronensterne verschmolzen sind. Dieses Ereignis erschütterte den Raum für mehr als 40 Sekunden, wie die Gravitationswellendetektoren zeigten.

Neutronensterne sind Sternleichen, die über etwa so viel Masse wie die Sonne verfügen, aber nur rund 20 Kilometer groß sind. Beim Verschmelzen kam es zu einer gewaltigen Explosion, die sowohl im Gammastrahlen- und Röntgenbereich als auch im sichtbaren Licht strahlte. Hubble hat sie dreimal beobachtet. Die Trümmerwolke enthält große Mengen an Gold, Platin und Uran. Damit bestätigte sich die Vorstellung, dass diese Elemente beim Verschmelzen von Neutronensternen entstehen. Gravitationswellendetektoren sind längst „Teleskope“: Sie zeigen, was in den Tiefen des Kosmos vor sich geht.

97 DAS RÄTSEL DER FERNSTEN GALAXIEN

Beobachtet Webb eine Galaxie am Rand des Kosmos, deren Licht 13 Milliarden Jahre lang unterwegs war, dann sieht das Teleskop diese Galaxie zu einer Zeit, als das Universum erst 800 Millionen Jahre alt war. Der Kosmos ist nach dem populärsten Weltmodell etwa 13,8 Milliarden Jahre alt. Ein Blick bis an den Rand des Universums ist also immer ein Blick zurück in dessen früheste Kindheit.

Diese Bilder zeigen zwei Galaxien, die zum Zeitpunkt ihrer Entdeckung jeweils Rekordhalter bei der Entfernung waren. JADES-GS-z14-0 (Mai 2024, Sternbild Chemischer Ofen) leuchtet nur 290 Millionen Jahre nach der Entstehung der Welt. MoM-z14 (Januar 2026, Sternbild Sextant) sehen wir sogar nur 280 Millionen Jahre nach dem Urknall. Die große Frage ist, wie sich diese Galaxien so schnell bilden konnten.

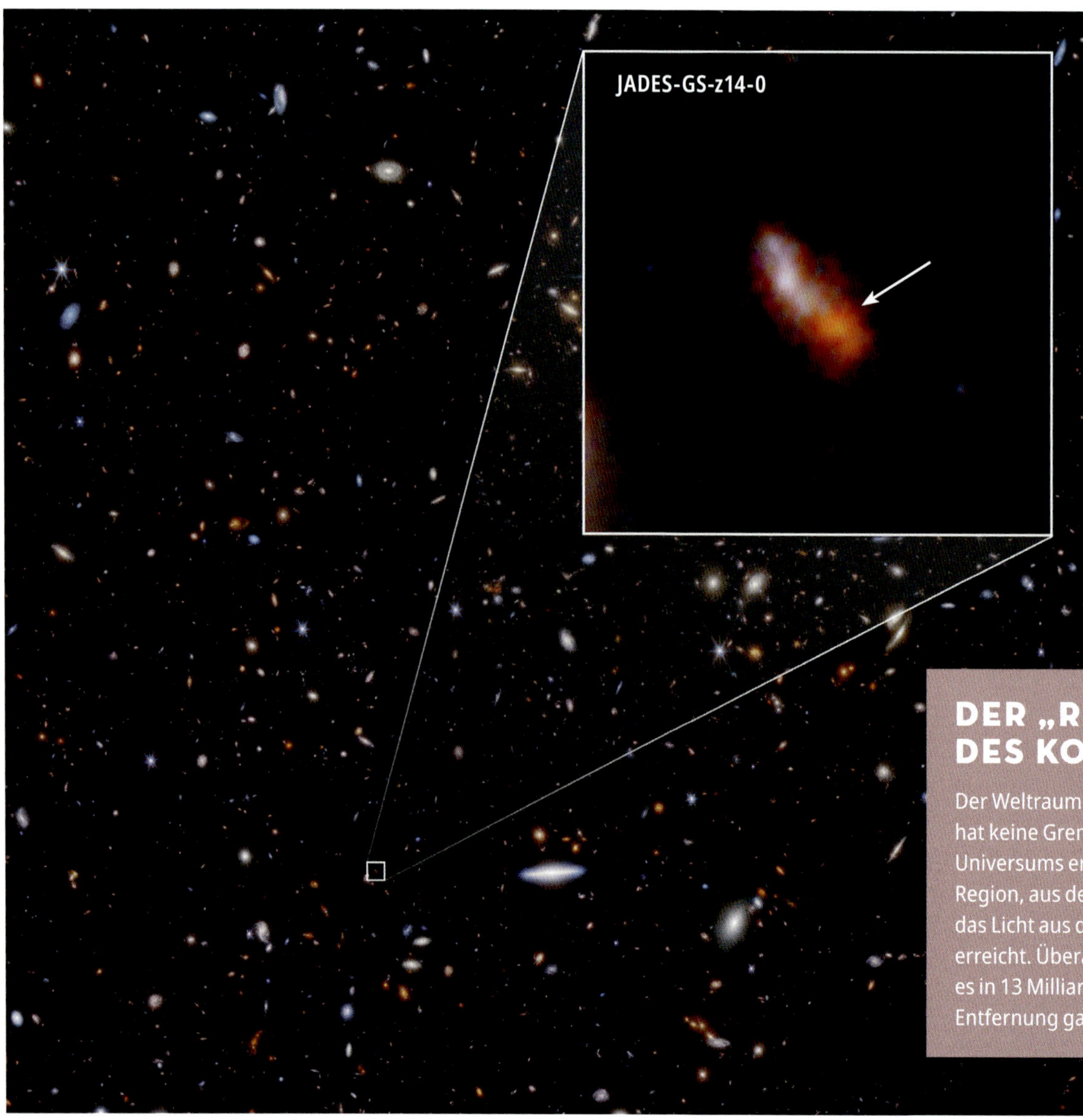

DER „RAND" DES KOSMOS

Der Weltraum ist unendlich und hat keine Grenze. Als Rand des Universums erscheint uns die Region, aus der uns gerade erst das Licht aus der Anfangszeit erreicht. Überall am Himmel gibt es in 13 Milliarden Lichtjahren Entfernung ganz junge Galaxien.

Nach dem Urknall war das Universum zunächst ein einziger Brei aus Materie und Strahlung. Der kühlte langsam ab, und schließlich fing das Gas an, sich zu Sternen und Galaxien zu verklumpen: In den dunklen Weiten des jungen Weltalls flammten die ersten Sterne auf. Einst dachte man, dass es einige Milliarden Jahre gedauert hat, bis das „dunkle Zeitalter" zu Ende ging. Doch wie Webb zeigt, hatte der Kosmos es sehr eilig, Licht zu machen. Die jungen Sterne am Rand des Alls leuchteten ursprünglich im blauen Licht. Durch die Ausdehnung des Universums wurde die Wellenlänge stark gedehnt – und das einst blaue Licht ist für uns nun weit ins Infrarote verschoben. Genau deswegen wurde das James-Webb-Weltaumteleskop für Infrarotbeobachtungen ausgelegt. Mission erfüllt!

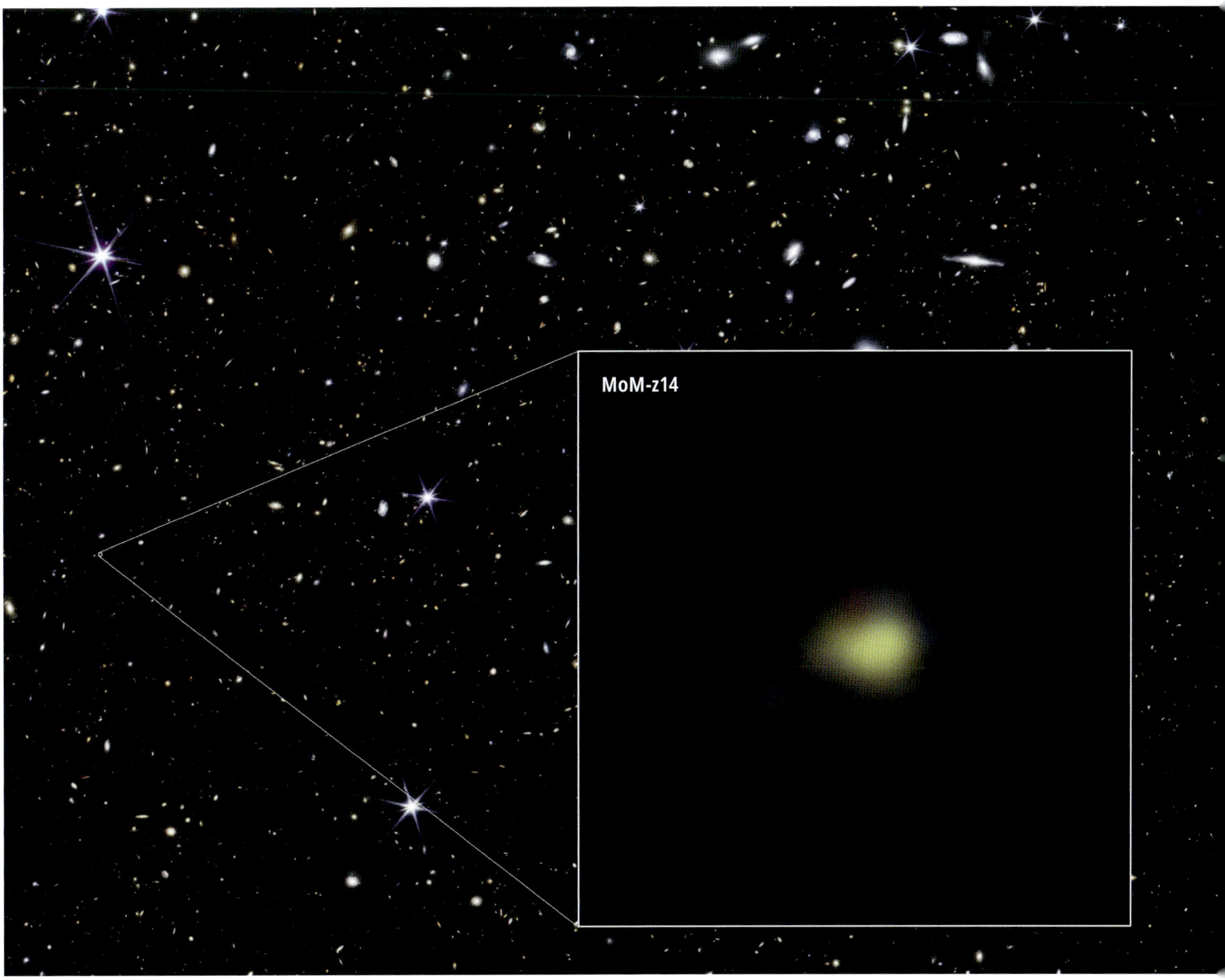

98 SCHWARZE LÖCHER AUS DEM URKNALL?

Die Webb-Bilder aus den Tiefen des Alls sorgen oft sowohl für Verzückung als auch für Stirnrunzeln. Der rote Fleck auf dem Bild unten ist CANUCS-LRD-z8.6. Diese Galaxie im Sternbild Löwe sehen wir so, wie sie 570 Millionen Jahre nach dem Urknall aussah (ihr Licht war 13,2 Milliarden Jahre zu uns unterwegs). Sie verfügt über ein Schwarzes Loch, das etwa 100 Millionen Mal schwerer ist als unsere Sonne. Weil es Unmengen an Material verschlingt, leuchtet seine Umgebung so hell. Die Nobelpreis-Frage lautet: Wie kann ein Schwarzes Loch so früh in der kosmischen Geschichte schon so groß sein?

Nicht weniger verblüffend ist QSO1B im Sternbild Bildhauer. Diesen Galaxienkern sehen wir 700 Millionen Jahre nach dem Urknall. Dort gibt es ein Schwarzes Loch mit 50 Millionen Sonnenmassen – aber kaum Sterne. Diese riesigen Schwar-

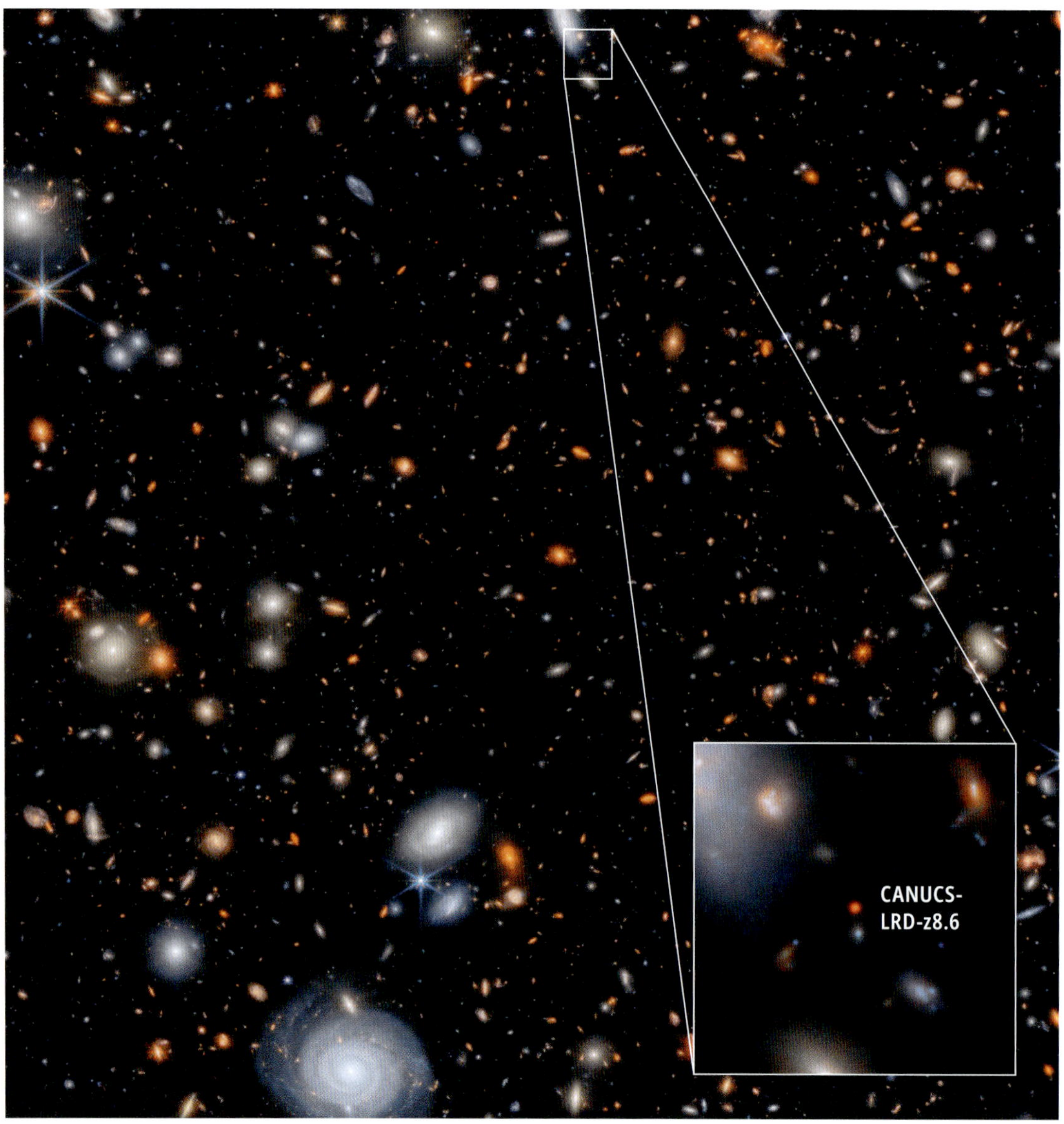

zen Löcher können nicht über den Kollaps massereicher Sterne und das Verschmelzen untereinander entstanden sein. Dafür war viel zu wenig Zeit.

Diese Webb-Daten – veröffentlicht im Juni 2026 – sprechen dafür, dass sich die großen Schwarzen Löcher direkt beim Urknall oder unmittelbar danach gebildet haben. Nach einer Theorie entstehen beim Urknall zahllose Schwarze Löcher ganz unterschiedlicher Masse. Nach einer anderen stürzen rund 100 Millionen Jahre nach dem Urknall riesige Gaswolken direkt zu einem Schwarzen Loch zusammen, ohne erst Sterne zu bilden.

Löst sich jetzt das kosmische Henne-Ei-Problem? Lange rätselte man, ob sich erst Galaxien bilden, in deren Zentren Schwarze Löcher entstehen. Oder ob Schwarze Löcher die „Keimzellen" sind, um die herum sich Galaxien formen. Für das zweite Szenario sprechen diese beiden Objekte.

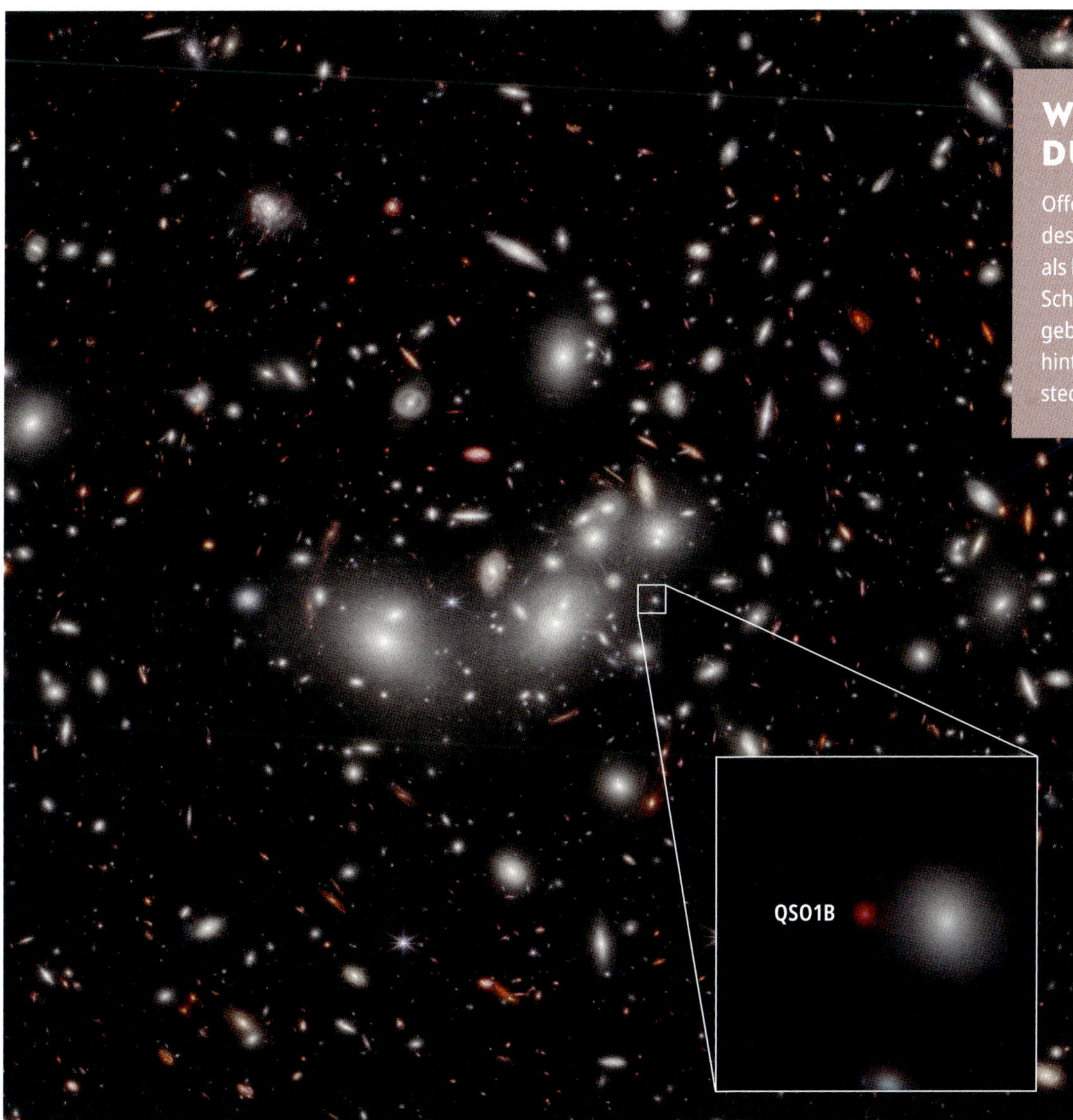

WEBB-DURCHBRUCH?

Offenbar ging es in der Kindheit des Kosmos ganz anders zu als bisher gedacht. Sollten sich Schwarze Löcher im Urknall gebildet haben, könnten sie auch hinter der Dunklen Materie stecken! Es bleibt spannend!

99 DIE ZUKUNFT DES UNIVERSUMS

Ewigkeit gibt es selbst im Universum nicht. Unser Kosmos hat einst in einem extrem heißen, dichten Zustand begonnen – dem Urknall. Seitdem dehnt er sich aus. Doch: Was einen Anfang hat, muss auch ein Ende haben – da gibt es für das Weltall keine Ausnahme. Was passiert in Zukunft mit dem Universum? Gefriert es? Wird es zerreißen? Oder stürzt es wieder zusammen? Big Whimper, Big Rip und Big Crunch sind keine kosmischen Bratklopse, sondern die Schlagwörter verschiedener Modelle. Das „langweiligste" wäre der Big Whimper, das große Jammern. Danach dehnt sich das All immer weiter aus. Alles treibt auseinander, irgendwann verschwinden alle Galaxien hinter unserem Horizont. Die Astronomie wird – heute unvorstellbar – ziemlich langweilig. Schließlich brennen die Sterne aus. Es wird dunkel und kalt im All.
In eine andere kosmische Ödnis führt der Big Rip,

das große Zerreißen. Demnach füllt eine Art „explosive" Dunkle Energie den Kosmos, Phantom-Energie genannt. Sie macht die Beschleunigung immer stärker. Irgendwann zerreißt es erst die Galaxien, dann Sonnensysteme und schließlich die Planeten und alle Materie selbst. Es wäre die perfekte Apokalypse: Alles im Kosmos würde geschreddert.

Der Big Crunch, das große Zermalmen, führte lange ein Außenseiterdasein. Doch es mehren sich die Hinweise, dass die Dunkle Energie zeitlich veränderlich ist. Unter Umständen wird sie in Zukunft viel schwächer sein. Dann könnte die Schwerkraft siegen und alle Galaxien wieder zu einem Punkt zusammenschnurren lassen – eine Art Urknall rückwärts.

Welchen Weg der Kosmos nimmt, ist noch unklar. Uns braucht das ohnehin nicht zu kümmern – denn das Ende, egal welches, naht nicht gleich übermorgen.

DIE STERNE GEHEN AUS

In gut 1000 Milliarden Jahren dürften die letzten Sterne verlöschen. Neue gibt es nicht mehr, weil der Wasserstoff verbraucht ist. Auch die beiden Zwerggalaxien von Arp 269 (24 Mio. Lichtjahre entfernt in den Jagdhunden) sind dann verschwunden.

100 DAS GLÜHEN DES URKNALLS

In den ersten 380.000 Jahren nach dem Urknall war das Universum ein brodelnder, undurchdringlicher Brei aus Materie und Strahlung. Dann war es genügend abgekühlt und wurde durchsichtig. Die kosmische Hintergrundstrahlung machte sich auf die Reise (siehe Seite 10/11). Dieses „Nachleuchten" des Urknalls gibt es überall am Himmel, hier aufgenommen vom ESA-Satelliten Planck. Könnten unsere Augen es wahrnehmen, sähen wir es auch im Großen Wagen und allen anderen Sternbildern.

Die Hintergrundstrahlung kommt aus allen Richtungen zu uns, weil der Urknall im gesamten Universum stattgefunden hat – und nicht nur an einem bestimmten Punkt. Denn der Urknall war keine Bombe, die in einem leeren Raum explodiert ist und in der Mitte nur große Leere zurückgelassen hat. Im Moment des Urknalls war der Kosmos winzig klein, fast ein Punkt. Seit der Explosion expandiert der Weltraum rasend schnell und reißt Sterne und Galaxien mit.

Wir sehen die Hintergrundstrahlung rundherum aus den Bereichen, die 13,8 Milliarden Lichtjahre entfernt sind – jetzt endlich erreicht uns das Licht von dort. Tatsächlich ist der Kosmos inzwischen viel größer – aber das Licht dieser fernen Gegenden ist noch immer unterwegs. Egal, wo Sie gerade dieses Buch lesen: An genau jenem Ort hat der Urknall stattgefunden – aber, Pardon, eben auch an jedem anderen im Universum.

Kein optisches Teleskop – auch nicht ein „Super-Webb" – kann die Hintergrundstrahlung durchdringen. Dieses Muster ist die Kulisse, vor der sich alles im Universum abspielt.

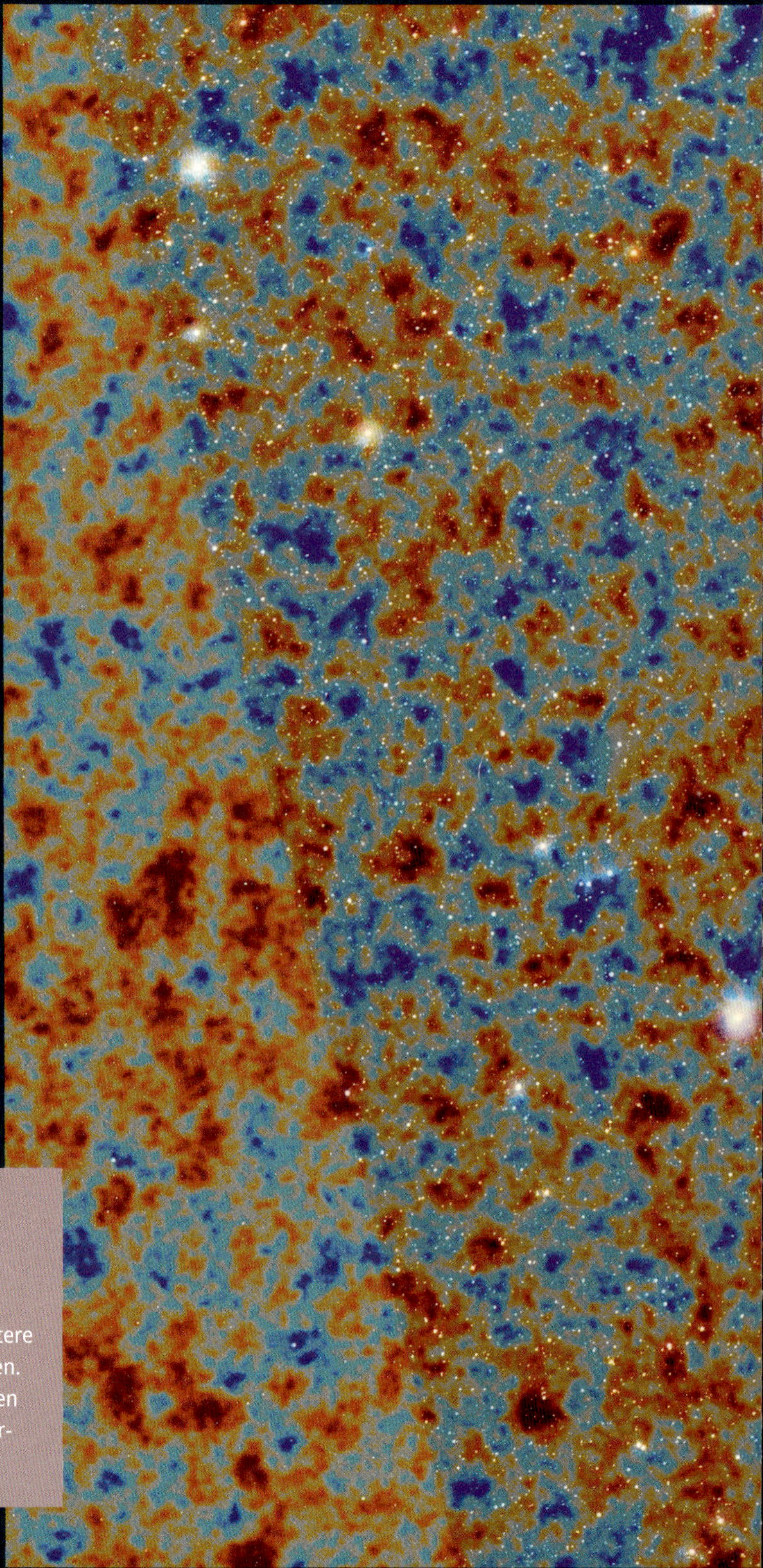

DIE REISE GEHT WEITER

Das Weltall expandiert stetig – und die Teleskope werden uns viele weitere kosmische Sensationen präsentieren. Astronomie ist nie „fertig". Wir haben gerade erst angefangen, das Universum zu erforschen!

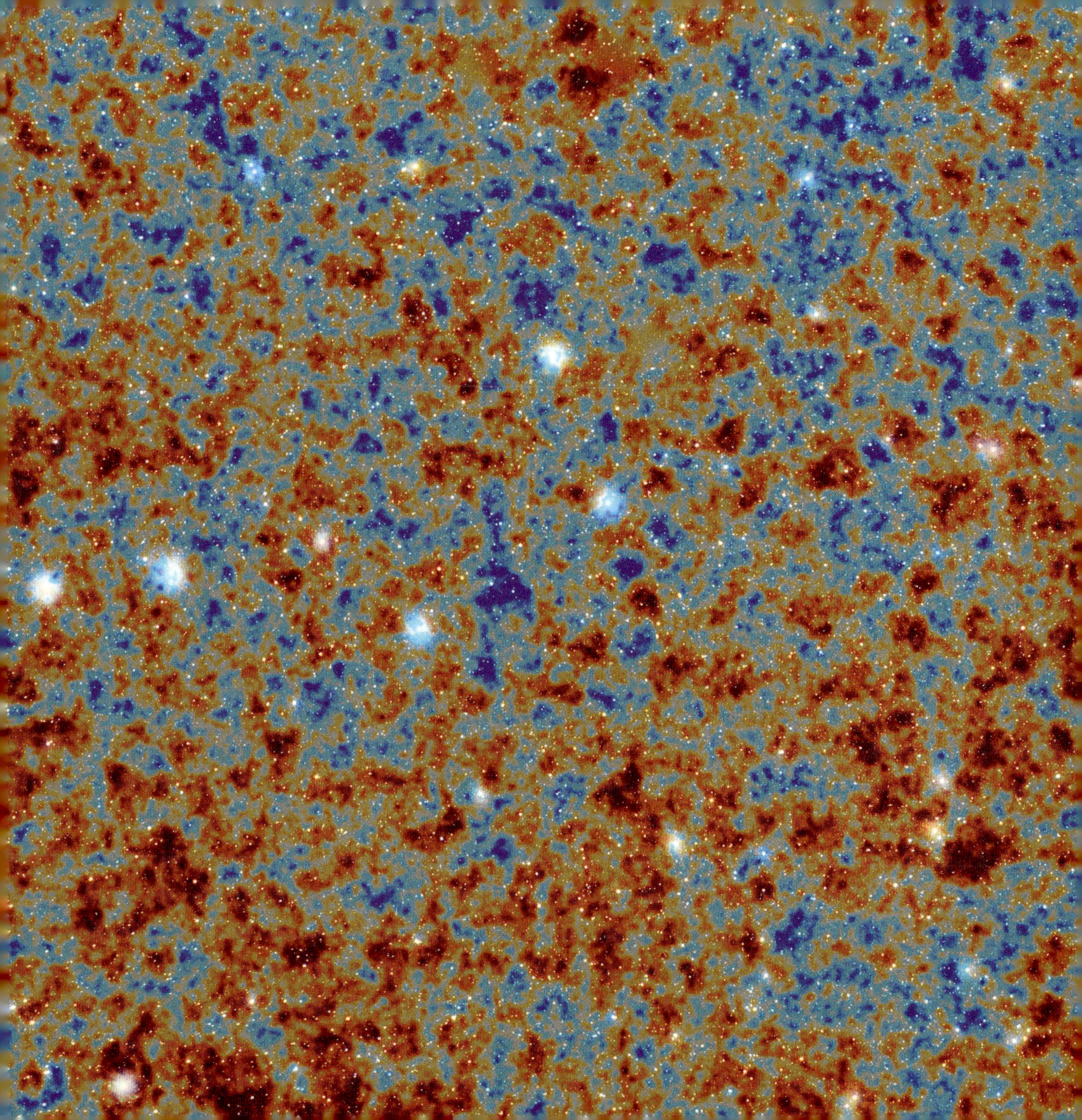

REGISTER

BILDNACHWEIS

o = oben, **u** = unten, **M** = Mitte, **l** = links, **r** = rechts

1: X-ray: NASA/CXC/SAO; Optical: NASA/ESA/STScI; Image Processing: NASA/CXC/SAO/J. Major, L. Frattare, K. Arcand; **2:** NASA/ESA/Hubble; **4–5:** NASA; **6–7:** NASA, ESA, K. Sahu (STScI) and the SWEEPS science team; **8–9:** CTIO/NOIRLab/DOE/NSF/AURA; **10–11:** ESA and the Planck Collaboration; **12–13:** ESA/Hubble & NASA, ESO, J. Lee and the PHANGS-HST Team; **14–15:** ESA/Hubble & NASA, M. Postman, P. Kelly; **16u:** NASA; **17o:** NSF–DOE Vera C. Rubin Observatory/NOIRLab/SLAC/AURA/T. Matsopoulos; **17u:** ESO/A. Ghizzi Panizza; **18o:** MPIfR/Norbert Tacken; **18u:** ESO/G. Vecchia; **19:** NASA, ESA, CSA, Northrop Grumman; **20** Sonne: NASA/SDO; **20** Merkur: NASA/Johns Hopkins University Applied Physics Laboratory/Carnegie Institution of Washington; **20** Venus: NASA/JPL-Caltech; **20** Mars: NASA/ESA and The Hubble Heritage Team STScI/AURA; **20** Jupiter: NASA, ESA, and A. Simon (Goddard Space Flight Center); **20** Saturn: NASA, ESA, A. Simon (Goddard Space Flight Center), and M.H. Wong (University of California, Berkeley); **20** Uranus: NASA/JPL-Caltech; **20** Neptun: NASA/JPL-Caltech; **21 beide:** NASA/JPL-Caltech; **22u:** AIP/C. Denker; **22–23:** SOHO (ESA & NASA); **24u:** ESA/BepiColombo/MTM; **24–25:** NASA/Johns Hopkins University Applied Physics Laboratory/Carnegie Institution of Washington; **26–27:** Courtesy of ISAS/JAXA; **27u:** NASA/JPL-Caltech; **28u:** NASA; **28–29:** NASA; **30–31:** CTIO/NOIRLab/NSF/AURA/H. Stockebrand; **31u:** NASA; **32–33:** NASA; **33u:** NASA; **34u:** CNSA/CLEP; **34–35:** NASA; **36u:** ESO/P. Horálek; **36–37:** NASA; **38u:** NASA, ESA, STScI; **38–39:** NASA/JPL-Caltech/ASU/MSSS; **40ul und 40ur:** ESA/DLR/FU Berlin (G. Neukum); **40uM:** NASA/JPL; **40–41:** ESA/DLR/FU Berlin (G. Neukum); **42–43:** NASA/JPL-Caltech/Arizona State University; **43u:** ESA/DLR/FU Berlin (G. Neukum)/Andrea Luck; **44–45:** Created from a montage by Emily Lakdawalla. Ida, Dactyl, Braille, Annefrank, Gaspra, Borrelly: NASA/JPL/Ted Stryk. Steins: ESA/OSIRIS team. Eros: NASA/JHUAPL. Itokawa: ISAS/JAXA/Emily Lakdawalla. Mathilde: NASA/JHUAPL/Ted Stryk. Lutetia: ESA/OSIRIS team/Emily Lakdawalla. Halley: Russian Academy of Sciences/Ted Stryk. Tempel 1: NASA/JPL/UMD. Wild 2: NASA/JPL. Arrokoth: NASA/Johns Hopkins University Applied Physics Laboratory/Southwest Research Institute; **46–47:** ESA/Rosetta/MPS for OSIRIS Team MPS/UPD/LAM/IAA/SSO/INTA/UPM/DASP/IDA; **47u:** ESA/MPS; **48u:** ESO/K. Meech et al.; **48–49o:** International Gemini Observatory/NOIRLab/NSF/AURA/Shadow the Scientist; **48–49u:** NASA, ESA, and D. Jewitt (UCLA); **50–51:** NASA, ESA, A. Simon (Goddard Space Flight Center), and M. H. Wong (University of California, Berkeley) and the OPAL team; **51u:** NASA/JPL-Caltech/Kevin M. Gill; **52ul und 52ur:** NASA/JPL/University of Arizona; **52–53ol, 52–53or und 52–53ul:** NASA/JPL-Caltech/SwRI/MSSS; **52–53ur:** NASA/JPL-Caltech; **54u und 54–55:** NASA/JPL-Caltech/Space Science Institute; **56u, 56–57l und 56–57r:** NASA/JPL-Caltech/Space Science Institute; **58–59:** ESA/Webb, NASA, CSA, STScI, P. Tiranti, H. Melin, M. Zamani (ESA/Webb); **59u:** NASA, ESA, CSA, STScI, M. El Moutamid (SWRI), M. Hedman (University of Idaho); **60u:** ESO/P. Weilbacher (AIP); **60–61:** NASA, ESA, CSA, and STScI; **62–63 und 63u:** NASA/Johns Hopkins University Applied Physics Laboratory/Southwest Research Institute; **64–65l:** NASA/Johns Hopkins University Applied Physics Laboratory/Southwest Research Institute; **64–65r:** NASA/JPL-Caltech; **66 und 67:** ESA/Gaia/DPAC, Stefan Payne-Wardenaar; **68u:** ESO; **68–69:** Amirreza Kamkar/IAU OAE; **70:** DESI Collaboration/DOE/KPNO/NOIRLab/NSF/AURA/L. Tyas; **71o:** E. Slawik/NOIRLab/NSF/AURA/M. Zamani; **71u:** Kosmos Verlag; **72u:** ESA/D. Ducros; **72–73:** ESA/Gaia/DPAC; **74–75:** NASA/GSFC; **76:** EHT Collaboration; **77:** MPE/IKI; **78–79:** NSF–DOE Vera C. Rubin Observatory; **80–81:** ESA/Euclid/Euclid Consortium/NASA; **81u:** ESA/Webb, NASA, CSA, K. Misselt (University of Arizona) and A. Abergel (IAS/University Paris-Saclay, CNRS); **82u und 82–83:** ESO; **84u:** NASA/ESA and L. Ricci (ESO); **84–85:** NASA, ESA, M. Robberto (Space Telescope Science Institute/ESA) and the Hubble Space Telescope Orion Treasury Project Team; **86–87:** NASA, ESA, CSA, and STScI; **87u:** NASA, ESA, N. Smith (University of Arizona, Tucson), and J. Morse (BoldlyGo Institute, New York); **88–89:** NASA, ESA/Hubble and the Hubble Heritage Team; **89u:** NASA, ESA, CSA, STScI; J. DePasquale, A. Koekemoer, A. Pagan (STScI); **90u:** ESA/Webb, NASA & CSA, Tazaki et al.; **90–91:** ESA/Hubble & NASA, D. Padgett (GSFC), T. Megeath (University of Toledo), and B. Reipurth (University of Hawaii); **92–93:** ESA/Webb, NASA & CSA, T. Megeath, M. Zamani (ESA/Webb); **94–95:** NASA, ESA, CSA, and STScI, A. Pagan (STScI); **95u:** NASA, ESA, CSA, STScI; **96–97:** ESA/Webb, NASA & CSA, V. Almendros-Abad, M. Guarcello, K. Monsch, and the EWOCS team; **97u:** ESO/Y. Beletsky; **98u:** E. Slawik/NOIRLab/NSF/AURA/M. Zamani; **98–99:** NASA, ESA and AURA/Caltech; **100–101:** NASA, the Hubble Heritage Team (AURA/STScI) and ESA; **101u:** NASA, ESA and H. Bond (STScI); **102u:** NASA, ESA, CSA, STScI, Y. Han (Caltech), R. White (Macquarie University), A. Pagan (STScI); **102–103:** NASA, ESA, CSA, STScI, Image Processing: Joseph DePasquale (STScI); **104–105 (1):** ESA/Webb, NASA & CSA, J. H. Kastner (Rochester Institute of Technology); **104–105 (2):** NASA, ESA, CSA, STScI; **104–105 (3):** ESA/Webb, NASA, CSA, M. Barlow, N. Cox, R. Wesson; **104–105 (4):** NASA/ESA and The Hubble Heritage Team (STScI/AURA); **104–105 (5):** NASA, ESA, C.R. O'Dell (Vanderbilt University), and M. Meixner, P. McCullough, and G. Bacon (Space Telescope Science Institute); **104–105 (6):** ESO; **104–105 (7):** ESO; **104–105 (8):** International Gemini Observatory/NOIRLab/NSF/AURA; **104–105 (9):** ESA/Hubble & NASA; **106u:** N.A.Sharp/NOIRLab/NSF/AURA; **106–107:** NASA, ESA and Allison Loll/Jeff Hester (Arizona State University). Acknowledgement: Davide De Martin (ESA/Hubble); **108u:** ESA/Gaia/DPAC; **108–109:** T.A. Rector (University of Alaska Anchorage) and H. Schweiker (WIYN and NOIRLab/NSF/AURA); **110–111:** NASA/CXC/SAO; **111u:** X-ray: NASA/CXC/Rutgers/G.Cassam-Chenai, J.Hughes et al.; Radio: NRAO/AUI/NSF/GBT/VLA/Dyer, Maddalena & Cornwell; Optical: Middlebury College/F.Winkler, NOAO/AURA/NSF/CTIO Schmidt & DSS; **112u:** ESO/M. Montargès et al.; **112–113:** E. Slawik/NOIRLab/NSF/AURA/M. Zamani; **114–115l:** ESO/VPHAS+ team; **114–115r:** ESO; **116–117:** ESA/Webb, NASA & CSA, M. Villenave et al.; **117u:** NASA/ESA, J. Bally (University of Colorado, Boulder, CO), H. Throop (Southwest Research Institute, Boulder, CO), C.R. O'Dell (Vanderbilt University, Nashville, TN); **118u:** Sven Melchert; **118–119:** E. Slawik/NOIRLab/NSF/AURA/M. Zamani; **120u:** NASA, ESA, CSA, STScI, A. Sanghi (Caltech), C. Beichman (JPL), D. Mawet (Caltech), J. DePasquale (STScI); **120–121:** Kosmos Verlag; **122u:** ESA/Hubble & NASA, M. Häberle (MPIA); **122–123:** ESO/INAF-VST/OmegaCAM. Acknowledgement: A. Grado, L. Limatola/INAF-Capodimonte Observatory; **124lo:** Wikimedia/Arne Nordmann; **124–125:** ESA/Hubble and NASA; **125u:** Courtesy of the NAIC – Arecibo Observatory, a facility of the NSF; **126u:** ESA/Hubble & NASA; **126–127:** NOIRLab/NSF/AURA/P. Horálek (Institute of Physics in Opava); **128–129:** ESO; **130u:** ESO/P. Horálek; **130–131:** CTIO/NOIRLab/NSF/AURA/SMASH/D. Nidever (Montana State University); **132:** NSF–DOE Vera C. Rubin Observatory; **133ul:** Dark Energy Survey/DOE/FNAL/DECam/CTIO/NOIRLab/NSF/AURA; **133ur:** International Gemini Observatory/NOIRLab/NSF/AURA; **134–135:** NASA/JPL-Caltech; **136–137:** NASA, ESA, CSA, STScI; **137u:** ESO; **138u:** NASA/ESA and The Hubble Heritage Team (STScI/AURA); **138–139:** ESA/Hubble & NASA; **140u:** ESA/Hubble & NASA, M. Messa; **140–141 beide:** ESA/Hubble & NASA; **142–143:** European Space Agency & NASA; **142ul:** T.A. Rector (University of Alaska Anchorage), H. Schweiker & S. Pakzad NOIRLab/NSF/AURA; **142ur:** International Gemini Observatory/NOIRLab/NSF/AURA; **144–145:** NASA, ESA, and The Hubble Heritage Team (STScI/AURA); **145u:** Dark Energy Survey/DOE/FNAL/DECam/CTIO/NOIRLab/NSF/AURA; **146u:** ESA/Webb, NASA & CSA, L. Armus, A. S. Evans; **146–147:** ESA/Webb, NASA & CSA, A. Leroy; **148:** ESA/Webb, NASA & CSA, A. Leroy; **149:** ESA/Webb, NASA & CSA, J. Lee and the PHANGS-JWST Team; **150–151:** NASA, ESA, and the Hubble Heritage Team (STScI/AURA); **151u:** EHT Collaboration; **152u:** ESO; **152–153:** KPNO/NOIRLab/NSF/AURA; **154–155:** ESA/Hubble & NASA, M. C. Bentz, D. J. V. Rosario; **156–157:** NASA, ESA and the Hubble Heritage Team (STScI/AURA); **157u:** ESA/Hubble & NASA, A. Zezas, D. Calzetti; **158u:** X-ray: NASA/CXC/Univ. of Maryland/A.S. Wilson et al.; Optical: Palomar Observatory. DSS; IR: NASA/JPL-Caltech; VLA: NRAO/AUI/NSF; **158–159:** NASA, ESA, the Hubble Heritage Team (STScI/AURA), and R. Gendler (for the Hubble Heritage Team); **160u:** NASA, ESA, CSA, Ori Fox (STScI), Melissa Shahbandeh (STScI), A. Pagan (STScI); **160–161:** KPNO/NOIRLab/NSF/AURA/T.A. Rector (University of Alaska Anchorage)/H. Schweiker (WIYN); **162:** NASA, ESA and the Hubble Heritage Team (STScI/AURA); **163:** ESA/Hubble & NASA, J. Dalcanton, Dark Energy Survey/DOE/FNAL/NOIRLab/NSF/AURA, SDSS; **164u:** KPNO/NOIRLab/NSF/AURA/Bob and Bill Twardy/Adam Block; **164–165:** ESA/Hubble & NASA; **166–167:** ESO/WFI (Optical); MPIfR/ESO/APEX/A.Weiss et al. (Submillimetre); NASA/CXC/CfA/R.Kraft et al. (X-ray); **167u:** ESO/SPECULOOS Team/E. Jehin; **168–169:** NASA, ESA, and J. Lee (Space Telescope Science Institute); **170–171:** ESA/Hubble & NASA, J. Lee and the PHANGS-HST Team; **171u:** NASA, ESA, STScI; **172–173 (1):** NASA/ESA and The Hubble Heritage Team (STScI/AURA); **172–173 (2):** NASA, ESA, CSA, STScI; **172–173 (3):** NASA, ESA, I. Pasha (Yale), P. van Dokkum (Yale); **172–173 (4):** NASA, ESA, and The Hubble Heritage Team (AURA/STScI); **173u:** NASA, ESA, J. Dalcanton, B.F. Williams, and M. Durbin (University of Washington); **174u:** ESO; **174–175:** NASA, ESA and Michael West (ESO); **176–177l:** NASA, ESA and the Hubble SM4 ERO Team; **176–177r:** Dark Energy Survey/DOE/FNAL/DECam/CTIO/NOIRLab/NSF/AURA; **178:** ESA/Hubble & NASA, S. Jha; **179ul:** ESA/XMM-Newton/M. Rigoselli (INAF); **179ur:** ESA/Webb, NASA, STScI, CSA, JADES Collaboration, Brant Robertson (UC Santa Cruz), Ben Johnson (CfA), Sandro Tacchella (Cambridge), Phill Cargile (CfA), J. Witstok, P. Jakobsen, A. Pagan (STScI), M. Zamani (ESA/Webb); **180u:** E. Slawik/NOIRLab/NSF/AURA/M. Zamani; **180–181:** NSF–DOE Vera C. Rubin Observatory; **182–183:** CTIO/NOIRLab/DOE/NSF/AURA; **183u:** NASA, ESA, J. Mack, and J. Madrid et al.; **184:** NASA, ESA, CSA, STScI, CXC; **185:** NASA, ESA, M.J. Jee and H. Ford (Johns Hopkins University); **186:** ESA/Euclid/Euclid Consortium/NASA; **187:** NASA & ESA; **188–189:** NASA, ESA, CSA, and STScI; **190–191:** NASA, ESA/Hubble, HST Frontier Fields; **192–193:** ESA/Webb, NASA & CSA, C. Willott (National Research Council Canada), R. Tripodi (INAF - Astronomical Observatory of Rome); **194u:** NASA/ESA and A. Riess (STScI); **194–195:** NASA, ESA, S. Rodney (John Hopkins University, USA) and the FrontierSN team; T. Treu (University of California Los Angeles, USA), P. Kelly (University of California Berkeley, USA) and the GLASS team; J. Lotz (STScI) and the Frontier Fields team; M. Postman (STScI) and the CLASH team; and Z. Levay (STScI); **196u:** R. Brent Tully, Hélène Courtois, Yehuda Hoffman and Daniel Pomarede; **196–197:** A.M. Hollinger, H.M. Courtois, R.C. Kraan-Korteweg, J. Mould, S.H.A. Rajohnson, Dr Jérôme Léca, RSA Cosmos; **198–199:** Claire Lamman/DESI collaboration; **199u:** TNG Collaboration; **200u:** NASA/CXC/Penn State/B.Luo et al.; **200–201:** NASA, ESA, and S. Beckwith (STScI) and the HUDF Team; **202u:** BeppoSAX/ASI/SDC/NIVR; **202–203:** NASA, ESA, CSA, STScI, A. Levan (IMAPP), Image Processing: A. Pagan (STScI) ; **204:** Aurore Simmonet (Sonoma State University); **205:** NASA and ESA; **206:** NASA, ESA, CSA, STScI, B. Robertson (UC Santa Cruz), B. Johnson (CfA), S. Tacchella (Cambridge), P. Cargile (CfA); **207:** NASA, ESA, CSA, STScI, R. Naidu (MIT); **208:** ESA/Webb, NASA & CSA, G. Rihtarši? (University of Ljubljana, FMF), R. Tripodi (University of Ljubljana, FMF); **209:** NASA, ESA, CSA, L. Furtak (Ben-Gurion University), R. Maiolino (Cambridge), F. D'Eugenio (Cambridge), I. Juodžbalis (Cambridge), H. Übler (MPE), C. Marconcini (University of Florence). Image processing: A. Pagan; **210–211:** ESA/Webb, NASA & CSA, A. Adamo (Stockholm University), G. Bortolini, and the FEAST JWST team; **212–213:** Sternbild: E. Slawik/NOIRLab/NSF/AURA/M. Zamani; CMB: ESA and the Planck Collaboration; **216o:** Kosmos Verlag; **216M/Vorsatz:** NASA, ESA, and the Hubble Heritage Team (STScI/AURA)-Hubble/Europe Collaboration; **216u/Nachsatz:** NASA, ESA, CSA, STScI.

Dirk H. Lorenzen, Astrophysiker, ist Autor der täglichen „Sternzeit" und des Newsletters „Mr. Sternzeit" im Deutschlandfunk. Er arbeitet als Journalist mit dem Schwerpunkt Astronomie und Raumfahrt für den Dlf, Deutschlandfunk Kultur, Radio Bremen, den WDR und andere ARD-Anstalten. Für seine Verdienste um die Popularisierung der Astronomie hat ihn die Deutsche Astronomische Gesellschaft 2024 mit dem Bruno-H.-Bürgel-Preis ausgezeichnet. Im Kosmos Verlag hat er bereits zahlreiche Sachbücher zu aktuellen Forschungsthemen veröffentlicht.

In liebevoller Erinnerung an meine sensationelle Mutter Annegret Lorenzen, geb. Kattenhorn (1934–2026), die dieses Buch leider nicht mehr lesen kann.

IMPRESSUM

Umschlaggestaltung von Büro Jorge Schmidt, München, unter Verwendung folgender Abbildungen: Vorderseite: die Gasnebel der „Mystic Mountains", aufgenommen vom Hubble-Weltraumteleskop (NASA, ESA and M. Livio and the Hubble 20th Anniversary Team (STScI)); Rückseite: die Balkenspiralgalaxie NGC 1365, aufgenommen vom Victor-M.-Blanco-Teleskop am Cerro Tololo Inter-American Observatory (Dark Energy Survey/DOE/FNAL/DECam/CTIO/NOIRLab/NSF/AURA).

Mit 217 Farb- und Schwarzweißfotos und 16 Farbzeichnungen

Unser gesamtes Programm finden Sie unter **kosmos.de**.
Über Neuigkeiten informieren Sie regelmäßig unsere Newsletter, einfach anmelden unter **kosmos.de/newsletter**

Gedruckt auf chlorfrei gebleichtem Papier

FSC www.fsc.org
MIX
Papier | Fördert gute Waldnutzung
FSC® C011124

ISBN 978-3-440-18438-7
Redaktion: Sven Melchert
Gestaltung und Satz: Adam & Scharf Graphik-Design, Bad Kreuznach
Produktion: Ralf Paucke
Druck und Bindung: Mohn Media Mohndruck GmbH, Gütersloh
Printed in Germany/Imprimé en Allemagne

Bild auf dem Vorsatz
STERN IN STAUBSCHWADEN
Den strahlend hellen Stern RS Puppis (5500 Lichtjahre entfernt, Sternbild Hinterdeck, Hubble) umgeben Gas- und Staubwolken.

Bild auf dem Nachsatz
SENSATIONELLE KOLLISION
Im Großen Hund stoßen die Galaxien IC 2163 und NGC 2207 zusammen (120 Millionen Lichtjahre entfernt, Hubble/Webb).